企业碳资产管理

主　编　张　乐　　陶楠楠　　王克亮

副主编　吴　怡　　陆俞辰　　徐炳辉

参　编　杨琪珊　张　辰　刘　慧　金秋野

　　　　杨丽丽　邓　丰　苏天杰　黄飞燕

　　　　赵科明　董　坤　余　辉

机械工业出版社

本书是融媒体教材，涵盖碳资产管理的理论与实践，分为五大学习情境，通过丰富的微课资源深化学习体验。本书介绍了企业碳资产的定义、属性和分类；碳交易法律法规制度的意义与作用、构成与设计、建设工作进展，碳资产管理支撑系统；聚焦配额碳资产，讨论全国及区域碳市场配额总量设计、分配类型及方法和核算；阐述碳资产的履约机制和抵消机制的原则要求和实际操作；探讨碳资产管理的内涵及流程、碳资产中碳金融的概念及工具介绍与应用；了解碳资产的智慧化管理体系、操作流程以及企业碳普惠机制。

本书内容实用，适合作为高职院校和应用型本科院校环境保护类、经济学类等专业的教材，也可以作为环境保护部门的从业人员、环境咨询公司的顾问、企业的环境管理人员或者金融机构的碳资产管理人员的培训参考用书。

图书在版编目（CIP）数据

企业碳资产管理 / 张乐，陶楠楠，王克亮主编.
北京：机械工业出版社，2024.12. -- ISBN 978-7-111-
77135-7

Ⅰ. X510.6
中国国家版本馆 CIP 数据核字第 20242SZ381 号

机械工业出版社（北京市百万庄大街 22 号　邮政编码 100037）
策划编辑：赵志鹏　　　　　　　责任编辑：赵志鹏　刘益汛
责任校对：樊钟英　张亚楠　　　封面设计：马精明
责任印制：李　昂
北京捷迅佳彩印刷有限公司印刷
2025 年 1 月第 1 版第 1 次印刷
184mm×260mm · 10.5 印张 · 216 千字
标准书号：ISBN 978-7-111-77135-7
定价：37.00 元

电话服务　　　　　　　　　网络服务
客服电话：010-88361066　　机 工 官 网：www.cmpbook.com
　　　　　010-88379833　　机 工 官 博：weibo.com/cmp1952
　　　　　010-68326294　　金 书 网：www.golden-book.com
封底无防伪标均为盗版　　机工教育服务网：www.cmpedu.com

前 言

在全球范围内，应对气候变化和碳减排的挑战日益严峻。企业需要遵循环境政策，通过实际行动履行社会责任。在此背景下，精确核算和有效管理企业的碳资产变得尤为重要。本书旨在提供全面的理论支持和实际操作指导。

作为融媒体教材，本书强调多媒体学习资源的整合应用，包括丰富的微课程、互动视频以及实时反馈工具，以提升学习的互动性和实用性。这些资源为学习者提供了从理论到实践的直观指导，帮助他们在实际操作中加深理解并提升技能。

在案例研究方面，本书涵盖了多个行业的碳资产管理实践，展示了企业采用的最新技术、策略及其成果。通过深入分析这些策略的实施过程和效果，本书提供了在动态变化的市场环境中有效部署碳管理策略的实用知识。

本书详细探讨了碳配额分配的基本原理、常用方法及技术细节，确保读者能够掌握科学的核算和评估方法。本书还广泛讨论了碳资产管理相关的法律法规、市场动向及技术创新，并在碳金融工具、碳资产管理信息平台的介绍与应用部分，提出了多种创新方案，帮助读者了解行业前沿技术。

本书不仅详细阐释了碳资产的概念、属性和分类，还通过具体案例，展示了企业如何实现碳资产的有效管理与利用。这一内容有助于读者理解碳资产在现代企业中的战略意义，并掌握相关的管理技术和流程。

关于碳交易支持系统的建设，本书详细介绍了注册登记系统、全国交易系统及全国温室气体排放数据直报系统的设置和运作，展现了这些系统在碳市场中的核心作用。

关于碳配额与履约、抵消机制，本书不仅阐述了配额总量的设计原理和分配方法，还详细讲解了履约、抵消机制的管理方式和流程，以及违约的法律后果，为企业遵守碳市场规则提供了指南。

本书由张乐、陶楠楠及王克亮担任主编，吴怡、陆俞辰、徐炳辉担任副主编。参与编写的有杨琪珊、张辰、刘慧、金秋野、杨丽丽、邓丰、苏天杰、黄飞燕、赵科明、董坤以及余辉。张乐、陆俞辰、邓丰以及苏天杰编写了学习情境 1 和 2，陶楠楠、吴怡、杨琪珊、张辰、刘慧以及金秋野编写了学习情境 3 和 4，王克亮、徐炳辉、杨丽丽、黄飞燕以及赵科明编写了学习情境 5，董坤及余辉负责提供案例教学素材。全书由张乐统稿。

感谢北京中创碳投科技有限公司、广州绿石碳科技股份有限公司、方圆标志认证集团有限公司、广东省节能工程技术创新促进会、广东省广业检验检测集团有限公司、广东省清洁生产协会对本书出版的大力支持！

本书是一本集理论与实践为一体的综合教材，通过详尽的案例分析和丰富的多媒体资源，为企业碳减排的征途提供了宝贵的知识和支持。

由于编者水平有限，书中可能存在疏漏和不足之处，我们诚挚地欢迎读者进行批评和指正。

编　者

二维码索引

（续）

序号	名称	二维码	页码	序号	名称	二维码	页码
15	全国碳市场履约机制		72	18	碳金融		105
16	全国碳市场第二履约期情况		73	19	碳金融工具		107
17	全国碳市场抵消机制		79	20	碳资产智慧化管理		122

目录

CONTENTS

初识碳资产

 职业能力目标

- 了解企业碳资产的定义
- 了解企业碳资产的属性与分类
- 了解全球碳市场的现状
- 能够描述企业碳管理的基本内容
- 能够说出企业碳管理的目标
- 能自主学习企业碳管理的知识与技能

 工作任务与学习子情境

工作任务	学习子情境
了解碳资产的起源与发展	企业碳资产的概念
识别碳资产的类别	
了解碳交易的法律法规	碳交易法律法规制度
了解碳资产管理相关的系统工具	碳资产管理支撑系统

学习子情境 1.1 企业碳资产的概念

情境引例

　　企业 A 为我国重点排放单位，2022 年该企业在清算资产过程中，对所有资产进行评估。其中，企业 A 持有配额（CEA）300 万吨（60 元 / 吨），中国核证减排量（CCER）10 万吨（15 元 / 吨），核证减排量（VCUs）3 万吨（20 元 / 吨），黄金标准减排量（GS CERs）1800 吨（35 元 / 吨）。

　　那么，企业 A 的中国碳市场资产值、国际碳市场资产值、碳资产总值分别是多少？

1.1.1 什么是"碳资产"

知识准备

一、碳资产的起源与发展

（一）碳资产

　　碳资产（Carbon Asset）是一个具有价值属性的对象体现或潜藏在所有低碳领域可适用于储存、流通或财富转化的有形资产和无形资产。从碳资产的定义来说，它不仅包含已有资产，也包括未来的资产；不仅包括减排项目开发产生的资产，也包括一切由实施低碳战略而同比、环比产生的增值。而产生碳资产的对象，可以是企业、地区、城市，甚至是国家等。全球碳资产的流通，在逻辑上是完全存在的，但在操作上很难量化。

　　从我国碳排放交易体系来看，碳资产的界定是以碳排放权益为核心的所有资产，既包括在强制碳交易、自愿碳交易机制下产生的可直接或间接影响组织温室气体排放量的碳排放配额、碳信用及其衍生品，也包括通过节能减排、固碳增汇等各类活动减少的碳排放量，以及这些行为带来的经济和社会效益所产生的碳资产价值。

碳资产的起源和发展

相关阅读

全球碳市场发展史

　　碳排放权交易起源于排污权交易理论，20 世纪 60 年代由美国经济学家戴尔斯提出，并首先被美国国家环保局（EPA）用于大气污染源（如二氧化硫排放等）及河流污染源管理。随后德国、英国、澳大利亚等国家相继实行了排污权交易。20 世纪末，气候变化问题成为焦点。1997 年，全球 100 多个国家签署了《京都议定书》，该条约规定了发达国家的减排义务，同时提出三个灵活的减排机制，碳排放权交易是其中之一。

据 ICAP 报告，自《京都议定书》生效后，碳交易体系发展迅速，各国及地区开始纷纷建立区域内的碳交易体系以实现碳减排承诺的目标，在 2005—2015 十年间，遍布四大洲的 17 个碳交易体系已建成；而在 2021 年这一年中，碳排放权交易覆盖的碳排放量占比 2005 年欧盟碳交易启动时覆盖的高出了 2 倍多。

截至 2023 年 1 月，全球范围内共有 28 个碳市场正在运行，另外有 8 个碳市场正在建设中，预计将在未来几年内投入运行。这些碳市场呈现多层次的特点，碳交易已成为碳减排的核心政策工具之一，这些区域 GDP 总量占全球约 55%，人口占全球的 1/3 左右。当前全球范围内 28 个正在运行的碳交易体系已覆盖了 17% 的温室气体排放。

截至目前，还未形成全球范围内统一的碳交易市场，但不同碳市场之间开始尝试进行联接。在欧洲，欧盟碳市场已成为全球规模最大的碳市场，是碳交易体系的领跑者。在北美洲，尽管美国是排污权交易的先行者，但由于政治因素一直未形成统一的碳交易体系。当前是多个区域性质的碳交易体系并存的状态，且覆盖范围较小。在亚洲，韩国是东亚地区第一个启动全国统一碳交易市场的国家，启动后发展迅速，已成为目前世界第二大国家级碳市场。在大洋洲，较早尝试碳交易市场的澳大利亚当前已基本退出碳交易舞台，仅剩新西兰碳排放权交易体系在"放养"较长时间后已回归稳步发展。2014 年，美国加州碳交易市场与加拿大魁北克碳交易市场成功对接，随后 2018 年其又与加拿大安大略碳交易市场进行了对接。2016 年，日本东京碳交易系统成功与琦玉市的碳交易系统进行联接。2020 年，欧盟碳交易市场已与瑞士碳交易市场进行了对接。

（二）企业碳资产的财务特征

企业碳资产是一个企业获得的额外产品，是非贷款类的可出售资产，同时还具有可储存性。碳资产的价格根据碳排放权交易市场行情波动，类似于股票价格；其支付方式是现金交割，即"货到付款"的现金结算。除此之外，碳资产还具有提升企业公共形象等无形的社会附加值。例如，买方信用评级高，它既对股东有利，同时也对融资（贷方）有利。

二、什么是碳交易？

（一）碳交易的概念及意义

（1）碳交易的概念

碳排放权交易体系是排放权交易制度理论在应对气候变化领域的实践。碳排放交易体系是指以控制温室气体排放为目的，以温室气体排放配额或温室气体减排信用为标的物的交易体系。与传统的实物商品市场不同，碳排放权的交易看不见摸不着，是人为建立起来的政策性市场，其设计初衷是为了在特定范围内合理分配碳排放权资源，降低温室气体减排的成本。

碳排放权交易（以下简称"碳交易"）被认为是市场机制应对气候变化的有效工具，交易对象通常为主要温室气体二氧化碳的排放配额。政府部门对碳排放配额进行总量控制，使纳入市场的控排企业受到碳排放权限额的约束，再引入交易机制，通过交易碳排放权限额实现资源分配最优解。即合同的一方通过支付另一方费用以获得温室气体减排额，买方可以将购得的减排额用于减缓温室效应从而实现其减排的目标。碳排放权限额通过碳市场实现其资产属性。

（2）开展碳交易的意义

为应对气候变化，联合国于 1992 年 5 月 22 日就气候变化问题达成《联合国气候变化框架公约》（United Nations Framework Convention on Climate Change，UNFCCC）（以下简称《公约》），并在 1992 年 6 月举行的联合国环境与发展会议上签署，1994 年 3 月正式生效。《公约》是世界上第一部为全面控制温室气体排放、应对气候变化的具有法律约束力的国际公约，也是国际社会在应对全球气候变化问题上进行国际合作的基本框架。在《公约》及其后续的一系列气候大会所达成的约定中，碳交易是各国政府应对气候变化、减少温室气体排放最重要的碳价工具之一。

国际碳市场实践（一）

从国际、国内实践经验来看，传统的节能减排工作主要采用行政指令和经济补贴的方式。采用行政指令推动节能减排通常会呈现边际减排效用递减的特点，采用经济补贴推动节能减排通常带来巨额财政负担。由此可见，行政指令和经济补贴推动节能减排和应对气候变化工作是不可持续的，减排成效也将逐渐减弱。

开展碳交易，有助于引导资本流动与绿色低碳转型方向一致，一方面是通过把温室气体排放的外部性内部化从而为从事温室气体排放的工业行为带来额外成本，另一方面给减排投资和技术创新带来利润增加值，这样可以增加企业内部减排动力，挖掘和加强企业在低碳技术研发和应用等方面的创造力，加速减排进程。碳交易市场机制鼓励使用和发展清洁、低碳能源，借助于碳交易市场的抵消机制将化石燃料燃烧和工业生产过程与可再生能源产业体系建立紧密联系，有助于改变我国以煤为主的能源消费结构，推动构建清洁低碳、安全高效的现代能源体系，全国碳交易为优化能源消费结构提供了新动能。

碳交易还可为排放主体选择减排技术和途径提供更大的灵活性和经济激励，有助于发掘减排实体的减排潜力，提高减排效率，推动淘汰落后产能和化解过剩产能，为调整产业结构提供新动能，推动企业生产转型和高质量发展。碳交易与产业结构调整的协同作用还体现在交易政策的实施助力产业结构向绿色低碳方向升级，同时产业结构优化也会对全国碳排放结构以及碳交易制度的覆盖范围产生影响。

（二）全球碳交易体系概览

根据国际碳行动伙伴组织（ICAP）发布的全球碳市场年度进展报告（2023 年度报告）数据显示，全球实际运行的碳市场数量较 10 年前增加一倍多，从 13 个增加到目前的 28 个，碳市场体系覆盖的排放量占全球温室气体排放总量的比例也从 8% 跃升到 17%，从 2014 年的不到 40 亿吨增加到目前的 90 亿吨。

国际碳市场实践（二）

过去的十多年，是全球碳市场起步至成长的关键阶段。正在发生的能源危机不仅暴露了严重的能源依赖性，而且再次成为对碳市场等气候政策的压力测试。

《巴黎协定》现已全面生效，成为推进全球气候行动的关键驱动力。全球碳市场度过了2008年的金融危机影响，而且能够抵御前所未有的全球能源危机的冲击。

当前国际形势下，尽管面临前所未有的挑战，现有碳市场仍证明现有制度能够应对重大外部冲击。目前正在运行的碳市场没有发生重大的中断。在2021年价格显著上涨后，大多数碳市场的价格在年中有一定波动，但在2022年结束时和年初处于同一水平。在持续的能源危机及其对消费者的影响的背景下，消费者价格指数及其能源部分出现了大幅上升，但2022年碳配额价格没有上升。

小知识

全球应对气候变化进程如图1-1所示。

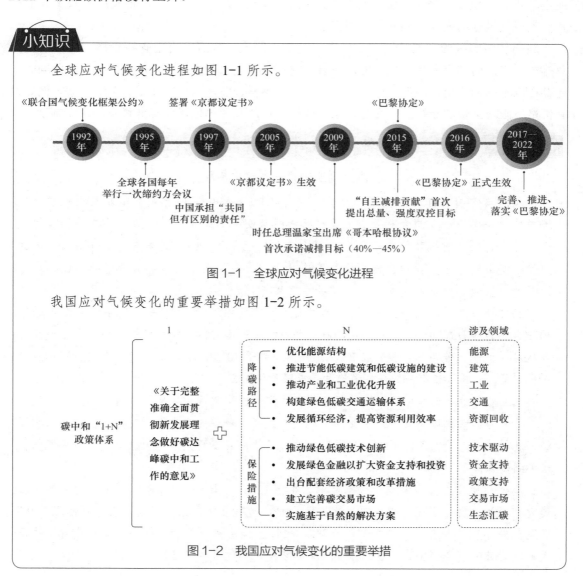

图1-1　全球应对气候变化进程

我国应对气候变化的重要举措如图1-2所示。

图1-2　我国应对气候变化的重要举措

（三）碳交易与碳税

碳税即是对碳排放所征收的税，是按照化石燃料燃烧后的温室气体排放量进行征收。与总量控制和排放交易机制不同，征收碳税只需要额外增加非常少的管理成本就可以实现。碳税对经济增长的影响具有两面性：一方面碳税属于强制手段，会降低私人投资的积极性，对经济增长产生抑制作用；另一方面碳税可增加政府收入，扩大政府的投资规模，对经济增长起到拉动作用。

碳交易与碳税都是基于市场的政策工具，都能够提供明确的碳价，具有共性。二者均通过设定碳排放价格以内化碳排放的社会成本；通过改变生产者、消费者和投资者的行为以减少碳排放，但在具体的减排方式、实施主体以及何时采取减排行动提供了较大的灵活性；促进环境、健康、经济和社会协同增效；增加政府财政收入，政府可将其用于减少其他税费、支持气候行动或其他领域的公共支出。

碳交易与碳税的主要区别在于：碳税是定价制度，政府可设定碳税价格，让市场决定总排放水平；而碳交易是定量制度，政府可决定总排放水平，让市场决定碳价。与此同时，还存在以不同形式出现的混合体系。此类混合体系整合前述两类市场工具关键要素，例如设有价格下限与上限的碳排放权交易体系，或接收排放减量单位以此降低税负的税收制度。

> **相关阅读**
>
> #### 澳大利亚碳税在争议中废除
>
> 2014年7月，澳大利亚联邦议会参议院以39票赞成、32票反对的结果通过了废除碳税系列法案。这让澳大利亚成为在推行碳排放交易的国家中，第一个决定取消碳排放税的国家。工商业短暂的欢呼过后，留给澳大利亚人更多的是对未来生活环境和气候的担忧。澳工党比尔·肖顿在接受媒体采访时说："我将在下次联邦大选时拉回碳排放定价机制，以此告诉全澳人民——工党关注气候变化。"
>
> 2011年7月10日，时任澳大利亚总理吉拉德正式对外公布碳税法案。法案计划于2012年7月1日起向澳大利亚全国500家企业征收碳排放税，每吨征收23澳元（1澳元约合0.94美元），此后每年提价2.5%。此外，还将于2015年7月1日起全面实施碳排放权交易方案，碳排放权交易的最高限价和最低限价将于方案实施时由市场决定。在2013年的澳大利亚联邦议会选举中，阿博特领导的自由党—国家党联盟以废除碳税作为主要竞选主张。他认为，碳税法案会导致企业的生产成本提高，普通民众生活开支增加，让澳大利亚经济发展减缓，就业率降低；与此同时，碳税无法从真正意义上降低碳排放，对环境保护起不到显著作用。
>
> 澳大利亚政府公布的统计数据显示，在2012年7月1日实施碳税机制后的一年中，澳大利亚的电费上涨了10%，煤气费上涨了9%，碳税使普通家庭每周的开支增加了约9.9澳元，并导致消费者物价指数增加0.7%。预计碳税法案废除后，每个普通消费者平均每天的电费开支将降低0.2～0.5澳元，每个家庭每年约可节省500澳元以上的开支。

　　2013 年 6 月 26 日，在澳大利亚执政党工党党内选举中，吉拉德败给前任总理陆克文，后者上台后，决定将于 2015 年实施的碳排放交易计划提前一年实施。但同时，从 2014 年 7 月 1 日起，澳大利亚将废除每吨 24.15 澳元的固定碳税，而采用每吨介于 6 澳元至 10 澳元的浮动碳税，这意味着政府将失去几十亿澳元的收入。

　　澳大利亚自由党—国家党联盟领袖阿博特是碳税法案的坚定反对者，在竞选之时他就将废除碳税作为竞选口号之一。阿博特政府两次试图通过参议院投票废除碳税未果后，第 3 次尝试终获成功。2014 年 7 月 17 日，废除碳税立法以 39 比 32 的投票率在参议院获得通过，带来无数争议的碳税法案就这样戛然而止。而后，矿业公司大声欢呼，环保团体愤怒指责，即便在最后的时刻，碳税法案依然是众人争论的焦点。但不论如何，澳大利亚碳税法案就这样结束了它短暂的使命，只给我们留下一个匆匆离去的背影。

1.1.2　企业碳资产的属性

知识准备

　　碳资产作为一种环境资源资产，具有稀缺性、消耗性和投资性的特点。同时，碳资产作为一种金融资产，具有商品属性和金融属性。此外，碳资产还具有可透支性的特点。

　　（1）稀缺性

　　环境的容量是有限的。例如，将大气中温室气体容量控制在有限的合理范围内，人类排放温室气体的行为便会受到限制，从而导致温室气体排放权（碳排放权）成为一种稀缺资源。同时，碳资产的稀缺性也促使碳资产成为一种有价商品。碳资产的价值，可以直接通过进行碳资产交易和间接通过生产过程中的消耗这两种方式为企业产生经济利益。

　　（2）消耗性

　　碳排放权最终的用途是被直接消耗或抵消消耗。虽然可能在市场上流通交易，但最后还是会被终端用户所使用。由此可见，碳资产的另一种属性便是消耗性。

　　（3）投资性

　　碳资产作为一种金融资产，可以在碳交易市场上融通，这便是碳资产投资性的体现。如今，欧盟的碳交易市场已经发展得比较成熟，其他区域性的碳交易市场，如美国加州碳交易体系和中国区域试点碳交易市场，也为碳资产的流通提供了更大的空间。

　　（4）商品属性

　　碳资产可作为商品在不同的企业、国家或其他主体间，进行买卖交易，因此可表现出其基础的商品属性。

（5）金融属性

碳资产交易行为具有一定的风险，如市场风险、操作风险、政策风险、项目风险等。为了防范风险以及维持减排投资的稳定性，一些金融工具也被逐渐开发出来，如碳期货、碳期权、碳掉期等。这些用于规避风险或者金融增值的交易性碳资产也表现出金融属性的特征。

1.1.3 企业碳资产的分类

知识准备

根据目前的碳资产交易制度，碳资产可以分为配额碳资产和减排碳资产。

碳资产的分类

一、配额碳资产

配额碳资产，是指通过政府机构分配或进行配额交易而获得的碳资产，它是在"总量控制"交易机制（Cap-and-trade）下产生的。在结合环境目标的前提下，政府会预先设定一个期间内温室气体排放的总量上限，

配额碳资产

即总量控制。在总量控制的基础上，将总量任务分配给各个企业，形成"碳排放配额"，作为企业在特定时间段内允许排放的温室气体数量，如欧盟排放交易体系下的欧盟碳配额（European Union Allowances，EUAs）、中国碳市场配额（CEAs）等。

二、减排碳资产

减排碳资产，也称为碳减排信用额或信用碳资产，是指通过企业自身主动地进行温室气体减排行动得到政府认可的碳资产，或是通过碳交易市场进行信用额交易获得的碳资产，它是在"信用"交易机制（Credit Trading）下产生的。在一般情况下，重点排放企业或其他温室气体排放主体可以通过购买减排碳资产，用以抵消其温室气体超额排放量，如清洁发展机制（Clean Development Mechanism，CDM）的减排量CERs、中国自愿减排机制（China Certified Emission Reduction）的核证自愿减排量CCERs。而非重点企业也希望参与应对气候变化，自愿设定减排目标，并实施内部和外部减排。目前国内应用较多的自愿减排碳资产开发标准除CDM外，还有美国Verra机构发起的自愿碳标准（Voluntary Carbon Standard，VCS）、世界自然基金会（WWF）发起的黄金标准（Gold Standard，GS），以及海湾研究与发展组织发起的全球碳委员会（Global Carbon Council，GCC）标准等。

小知识

CDM 项目签发流程及主要工作见表 1-1。

表 1-1　CDM 项目签发流程及主要工作

项目流程	需要时间	主要工作	文件产出
项目申报	1 周	• 准备备案的中英文材料 • 公司法人签字盖章 • 完成线上备案	• CDM 备案文件中英文各一份 • 通过后加盖主管部门与 EB 公章
编制 PDD	2 个月	• 收集所需文件与数据等资料 • 编制项目概况 • 完成减排量计算表格 • 完成经济性分析表格	• 项目设计书（PDD）中英文版 • 监测计划 • 减排量计算表 • 经济性分析（IRR）表
通过主管部门审批	3 个月 视主管部门情况	• 准备和提交申请文件 • 参加主管部门审核会议	• 主管部门的批准文件
审定	3 个月	• 配合 DOE 完成文件审查 • 配合 DOE 完成现场核查 • 根据审定意见修改 PDD	• DOE 出具的审定报告 • DOE 向 EB 提出项目注册申请
注册	3 个月	• 与 DOE 共同应对 EB 的审核工作 • 对 EB 问题提供解决方案	• 项目注册文件
项目监测	12 个月	• 编制详细可行的监测计划 • 培训负责监测的工作人员 • 按照监测计划执行项目监测 • 保证项目正常运行	• 监测数据
减排量核证	2—3 个月	• 提供监测数据 • 配合 DOE 完成减排量（CERs）核证 • 根据 DOE 审核意见完善监测计划	• CERs 核证报告 • CERs 签发申请
CERs 签发	3 个月	• 核实签发的 CERs • 缴纳税费	• CERs 签发文件

职业判断与业务操作

针对本子情境引例，分析如下：

1）首先对企业碳资产类别进行区分，识别国内碳资产与国际碳资产。国内碳资产包含全国碳市场配额量（CEA）、中国核证减排量（CCER）；国际碳资产包括核证减排量（VCUs）及黄金标准减排量（GS CERs）。

2）资产值计算公式为：持有量×单价。因此，企业 A 的中国碳市场资产值为 18150 万元；国际碳市场资产值为 66.3 万元。

3）碳资产总值为国内碳市场资产与国际碳市场资产之和，即 18216.3 万元。

学习子情境 1.2　碳交易法律法规制度

1.2.1　碳交易法律法规制度的意义与作用

知识准备

碳交易建设是一项复杂的系统工程，涉及经济、能源、环境和金融等社会经济发展领域，也涉及政府和市场之间、各级政府和政府的各部门之间的公平、效率等诸多问题。碳交易政策的制定和实施、碳资产的商品稀缺属性的保证、产权的确定以及交易规则的执行均需要法律法规的保障。

（1）碳交易需要强有力的法律约束

我国法律法规体系共分五级，包括第一级根本法宪法，第二级基本法，第三级法律（法律解释）、第四级行政法规和地方性法规、第五级行政规章。全国统一配额的法律法规需要较高阶位法支撑，以保证在碳资产，尤其是政策商品配额碳资产的分配和交易过程中政府法令具有较强的约束力。

（2）碳交易需要完善的法律法规支持

全国碳市场在运行过程中，对于配额的分配、交易、数据管理和履约均需要统一且完善的法规，目前我国碳排放权交易试点地区的法规无论从效力还是从内容来看都有很大的区别，对于全国碳排放权交易来说，一套完善统一的碳排放权交易体系对于配额的信用保证、市场价格稳定以及风险控制都有着基础作用。对于碳排放权交易可能给政府和重点排放单位带来的各种问题，包括会计、资产及相关法律程序问题都需要完善的法律法规进行约束和解释，以保证碳排放权交易的公平合法、维护企业的利益以及提升市场活力。

碳交易衍生的碳金融的合法性与风险性也是市场各方需要重点关注的。碳交易的金融属性需要金融监管部门的参与，对于重点排放单位与金融机构的关系，碳金融产品的审批与监管等问题需要相关的法律法规进行衔接。

（3）违规违约主体需要依法惩罚

碳交易作为政府一种减排政策性工具，需要有效的违约惩罚机制。惩罚机制既是违约重点排放单位的惩罚依据，也是对于市场公平和配额价值的保证。在配额的运转过程中，如果失去了有效的惩罚措施，导致企业违约成本低于履约成本，那么市场中势必出现大量违约案例，直接导致配额失信，市场崩溃。而对于违约重点排放单位的惩罚，则需要保证公平公正，有法可依。依法惩罚是保障市场平稳运行的必要措施。

1.2.2　碳交易法律法规制度的构成与设计

知识准备

碳交易作为一种强制的政策性市场，需要依托法律法规保障政策的强制力和约束力，明确碳排放权交易各个要素和各相关方的权利义务，指导和规范市场主体的行为。全国碳排放权交易的法律体系设计，以法律法规为基础，通过规章、规范性文件和技术标准对碳排放交易体系有关制度安排进行细化，并建立了碳排放核算、报告与核查制度，重点排放单位配额管理制度，市场交易相关制度等。

一、顶层法律设计

全国碳排放权交易应当出台高层级的立法，保障碳排放权交易约束力的强制性和司法救济的有效性，并从根本上明确碳排放权的法律性质、确立碳排放权交易制度的合法性。首先，顶层法律应当保证其法律层级，确立碳排放权交易制度的法律地位和配额碳资产的法律属性，保障碳排放权交易的运行环境稳定化和法治化；其次，其法律层级需要满足设立必要的行政许可、保障一定强度的处罚确保履约的约束力；第三，应将碳排放交易体系各项要素通过法律法规的形式确定下来，作为后续出台详细规则的依据；第四，应明确相关方的权利和义务、各监管部门的职责分工、配额有偿分配收益的使用途径，确立交易机构和核查机构的资质管理制度、信息披露制度，保证体系的透明性。

根据国内外的政策实践，顶层法律设计的最大挑战在于法律层级。从国外实践经验来看，高层级的法律基础是其政策约束力的有力保障，也是处理碳排放权交易违规行为、解决碳排放权交易相关纠纷的有力依据；而我国试点碳排放权交易建设却呈现"政策先行、立法严重滞后"的特点，以地方政府规章等形式作为碳排放权交易建设和运行主要依据的国内部分试点，在相关规则——尤其是履约规则的设立和执行方面，往往面临巨大阻力。高层级立法缺失可能会导致碳排放权交易公信力不足，碳排放数据核算、报告与核查工作难以有效开展，履约工作推进困难，违约惩罚依据缺失等，增加了碳排放权交易运行的风险。只有通过较高层级的立法，从法律上明确碳排放权交易主管部门的职责，明晰参与各方的权利与义务，提高对违法违规行为惩处力度，才能确保体系的顺利运行，促进市场制度健康稳定发展。

综上，顶层法律的层级应满足以下需求：

1）能够针对配额分配和清缴制度、碳排放核查机构资质制度、碳管理机构资质制度和碳交易机构资质制度设立行政许可；

2）设立足够高的处罚力度，低层级法律法规受《行政处罚法》《立法法》等高阶法律的约束，难以对重点排放单位施加足够的履约压力，难以保证体系的强制性；

3）定义碳资产的法律性质，避免全国碳交易体系的行政性质过强而法律地位低下；

4）规定各利益相关方的权利义务，明确政府主管部门及相关部门的职责分工。

参考《立法法》对人大（及其常委会）所制定的法律，国务院的行政法规、决定、命令，以及国务院部门规章法律、行政法规部门规章等不同层级法律法规的效力和内容的差异，尤其在设立行政许可和行政处罚额度方面的差异，国务院部门规章的层级不能满足全国碳排放权交易顶层法律的需求。首先，全国碳排放权交易的顶层法律应当争取以国务院行政法规的形式出台：明确配额的法律地位，明确碳交易相关配额收缴、数据报送、交易体系等制度的合法性，明确监管部门及其职权，明确违约、违法的处罚措施和处罚力度，保证信息公开。其次，应针对配额分配方法、抵消机制、温室气体排放数据监测报送与核查、市场调节与连接等重要环节，设置细致的可操作性强的指导性法规，来规范相关方的行为，保障碳排放交易体系的顺利、有效运行。其中需要着重注意配额分配方法、配额的法律属性和会计准则、拍卖收益用途、监管部门职责等容易引发争议的要素，确保其透明性和强制性。

二、重点排放单位配额碳资产管理制度建设

配额碳资产的管理制度建设主要包括配额分配、配额注册登记和清缴履约管理等制度建设，是全国碳排放权交易的核心制度。配额分配是重点排放单位碳资产认定和碳排放权确权的过程，配额注册登记管理是实现对配额确权、签发、流转和履约的跟踪记录与管理，配额履约管理是管理、监督重点排放单位按时完成碳排放配额的清缴。配额管理制度决定了配额的稀缺性，直接决定了碳交易配额供需情况和碳交易价格，决定了碳交易控制温室气体排放总量的有效性和成效。

国家主管部门颁布的《碳排放权交易管理暂行办法》确定了国家和地方两级配额管理模式。国务院生态环境主管部门负责制定国家配额分配方案，明确各省、自治区、直辖市免费分配的配额数量、国家预留的配额数量等；地方生态环境主管部门根据配额分配方法，可提出本行政区域内重点排放单位的免费分配配额数量，报国务院生态环境主管部门确定后，向本行政区域内的重点排放单位免费分配配额。重点排放单位必须采取有效措施控制碳

排放，并按实际排放清缴配额。省级生态环境主管部门负责监督配额清缴，对逾期或未足额清缴的重点排放单位依法依规予以处罚，并将相关信息纳入全国信用信息共享平台实施联合惩戒。

三、碳市场交易相关制度建设

碳市场交易相关制度建设主要包括排放数据报告与核查、配额分配、注册登记系统管理、配额清缴、履约执法、核查机构、碳排放权交易平台、碳排放权交易与碳金融等的管理与监督制度的建设。按照国务院职责分工，在生态环境部牵头下，各部委坚持按照"责权对等、依法监管、公平公正、监管制衡"的原则开展碳交易相关制度建设工作，特别要注重逐渐建立健全政策法规体系，建立健全与市场交易相关的管理和监督机构、工作机制，理顺监管关系，依法实施监管。例如，国务院生态环境主管部门会同相关部门制定碳市场交易管理办法，对交易主体、交易方式、交易行为以及市场监管等进行规定，构建能够反映供需关系、减排成本等因素的价格形成机制，建立有效防范价格异常波动的调节机制和防止市场操纵的风险防控机制，确保市场要素完整、公开透明、运行有序。

1.2.3　碳交易法律法规制度的建设工作进展

知识准备

《中华人民共和国国民经济和社会发展第十二个五年规划纲要》（简称"十二五"规划）中明确提出要逐步建立全国碳排放权交易市场，这表明我国把市场机制作为应对气候变化的有效途径，使控制温室气体排放从单纯依靠行政手段逐渐向更多地依靠市场力量转化。

随着《巴黎协定》正式生效、7个试点地区碳排放权交易工作的不断深化和全国碳排放交易体系的建设，2017年12月，国家应对气候变化司印发了《全国碳排放权交易市场建设方案（发电行业）》，正式宣布我国统一碳排放权交易市场的启动，中国碳排放权交易开启了全新篇章，成为全球控排规模最大的碳排放权交易市场。

《碳排放权交易管理暂行条例》（简称条例）于2024年1月5日以中华人民共和国国务院令第775号的形式发布，是目前全国碳交易市场建设的工作依据。《条例》是建设全国碳交易市场的纲领性、原则性文件，对全国碳市场建设的主要思路和管理体系做出了基本规定和阐述。《条例》涵盖了配额管理、排放交易、核查与配额清缴、管理监督、法律责任等关键要素，明确了全国碳交易的主要环节和相关参与方的基本责任和义务，并规定了违法违规行为的法律责任。

相关阅读

《碳排放权交易管理暂行条例》已经2024年1月5日国务院第23次常务会议通过，2024年1月25日公布，自2024年5月1日起施行。

碳排放权交易管理暂行条例

第一条 为了规范碳排放权交易及相关活动，加强对温室气体排放的控制，积极稳妥推进碳达峰碳中和，促进经济社会绿色低碳发展，推进生态文明建设，制定本条例。

第二条 本条例适用于全国碳排放权交易市场的碳排放权交易及相关活动。

第三条 碳排放权交易及相关活动的管理，应当坚持中国共产党的领导，贯彻党和国家路线方针政策和决策部署，坚持温室气体排放控制与经济社会发展相适应，坚持政府引导与市场调节相结合，遵循公开、公平、公正的原则。

国家加强碳排放权交易领域的国际合作与交流。

第四条 国务院生态环境主管部门负责碳排放权交易及相关活动的监督管理工作。国务院有关部门按照职责分工，负责碳排放权交易及相关活动的有关监督管理工作。

地方人民政府生态环境主管部门负责本行政区域内碳排放权交易及相关活动的监督管理工作。地方人民政府有关部门按照职责分工，负责本行政区域内碳排放权交易及相关活动的有关监督管理工作。

第五条 全国碳排放权注册登记机构按照国家有关规定，负责碳排放权交易产品登记，提供交易结算等服务。全国碳排放权交易机构按照国家有关规定，负责组织开展碳排放权集中统一交易。登记和交易的收费应当合理，收费项目、收费标准和管理办法应当向社会公开。

全国碳排放权注册登记机构和全国碳排放权交易机构应当按照国家有关规定，完善相关业务规则，建立风险防控和信息披露制度。

国务院生态环境主管部门会同国务院市场监督管理部门、中国人民银行和国务院银行业监督管理机构，对全国碳排放权注册登记机构和全国碳排放权交易机构进行监督管理，并加强信息共享和执法协作配合。

碳排放权交易应当逐步纳入统一的公共资源交易平台体系。

第六条 碳排放权交易覆盖的温室气体种类和行业范围，由国务院生态环境主管部门会同国务院发展改革等有关部门根据国家温室气体排放控制目标研究提出，报国务院批准后实施。

碳排放权交易产品包括碳排放配额和经国务院批准的其他现货交易产品。

第七条 纳入全国碳排放权交易市场的温室气体重点排放单位（以下简称重点排放单位）以及符合国家有关规定的其他主体，可以参与碳排放权交易。

生态环境主管部门、其他对碳排放权交易及相关活动负有监督管理职责的部门（以下简称其他负有监督管理职责的部门）、全国碳排放权注册登记机构、全国碳排放权交易机构以及本条例规定的技术服务机构的工作人员，不得参与碳排放权交易。

第八条　国务院生态环境主管部门会同国务院有关部门，根据国家温室气体排放控制目标，制定重点排放单位的确定条件。省、自治区、直辖市人民政府（以下统称省级人民政府）生态环境主管部门会同同级有关部门，按照重点排放单位的确定条件制定本行政区域年度重点排放单位名录。

重点排放单位的确定条件和年度重点排放单位名录应当向社会公布。

第九条　国务院生态环境主管部门会同国务院有关部门，根据国家温室气体排放控制目标，综合考虑经济社会发展、产业结构调整、行业发展阶段、历史排放情况、市场调节需要等因素，制定年度碳排放配额总量和分配方案，并组织实施。碳排放配额实行免费分配，并根据国家有关要求逐步推行免费和有偿相结合的分配方式。

省级人民政府生态环境主管部门会同同级有关部门，根据年度碳排放配额总量和分配方案，向本行政区域内的重点排放单位发放碳排放配额，不得违反年度碳排放配额总量和分配方案发放或者调剂碳排放配额。

第十条　依照本条例第六条、第八条、第九条的规定研究提出碳排放权交易覆盖的温室气体种类和行业范围、制定重点排放单位的确定条件以及年度碳排放配额总量和分配方案，应当征求省级人民政府、有关行业协会、企业事业单位、专家和公众等方面的意见。

第十一条　重点排放单位应当采取有效措施控制温室气体排放，按照国家有关规定和国务院生态环境主管部门制定的技术规范，制定并严格执行温室气体排放数据质量控制方案，使用依法经计量检定合格或者校准的计量器具开展温室气体排放相关检验检测，如实准确统计核算本单位温室气体排放量，编制上一年度温室气体排放报告（以下简称年度排放报告），并按照规定将排放统计核算数据、年度排放报告报送其生产经营场所所在地省级人民政府生态环境主管部门。

重点排放单位应当对其排放统计核算数据、年度排放报告的真实性、完整性、准确性负责。

重点排放单位应当按照国家有关规定，向社会公开其年度排放报告中的排放量、排放设施、统计核算方法等信息。年度排放报告所涉数据的原始记录和管理台账应当至少保存 5 年。

重点排放单位可以委托依法设立的技术服务机构开展温室气体排放相关检验检测、编制年度排放报告。

第十二条　省级人民政府生态环境主管部门应当对重点排放单位报送的年度排放报告进行核查，确认其温室气体实际排放量。核查工作应当在规定的时限内完成，并自核查完成之日起 7 个工作日内向重点排放单位反馈核查结果。核查结果应当向社会公开。

省级人民政府生态环境主管部门可以通过政府购买服务等方式，委托依法设立的技术服务机构对年度排放报告进行技术审核。重点排放单位应当配合技术服务机构开展技术审核工作，如实提供有关数据和资料。

第十三条 接受委托开展温室气体排放相关检验检测的技术服务机构，应当遵守国家有关技术规程和技术规范要求，对其出具的检验检测报告承担相应责任，不得出具不实或者虚假的检验检测报告。重点排放单位应当按照国家有关规定制作和送检样品，对样品的代表性、真实性负责。

接受委托编制年度排放报告、对年度排放报告进行技术审核的技术服务机构，应当按照国家有关规定，具备相应的设施设备、技术能力和技术人员，建立业务质量管理制度，独立、客观、公正开展相关业务，对其出具的年度排放报告和技术审核意见承担相应责任，不得篡改、伪造数据资料，不得使用虚假的数据资料或者实施其他弄虚作假行为。年度排放报告编制和技术审核的具体管理办法由国务院生态环境主管部门会同国务院有关部门制定。

技术服务机构在同一省、自治区、直辖市范围内不得同时从事年度排放报告编制业务和技术审核业务。

第十四条 重点排放单位应当根据省级人民政府生态环境主管部门对年度排放报告的核查结果，按照国务院生态环境主管部门规定的时限，足额清缴其碳排放配额。

重点排放单位可以通过全国碳排放权交易市场购买或者出售碳排放配额，其购买的碳排放配额可以用于清缴。

重点排放单位可以按照国家有关规定，购买经核证的温室气体减排量用于清缴其碳排放配额。

第十五条 碳排放权交易可以采取协议转让、单向竞价或者符合国家有关规定的其他现货交易方式。

禁止任何单位和个人通过欺诈、恶意串通、散布虚假信息等方式操纵全国碳排放权交易市场或者扰乱全国碳排放权交易市场秩序。

第十六条 国务院生态环境主管部门建立全国碳排放权交易市场管理平台，加强对碳排放配额分配、清缴以及重点排放单位温室气体排放情况等的全过程监督管理，并与国务院有关部门实现信息共享。

第十七条 生态环境主管部门和其他负有监督管理职责的部门，可以在各自职责范围内对重点排放单位等交易主体、技术服务机构进行现场检查。

生态环境主管部门和其他负有监督管理职责的部门进行现场检查，可以采取查阅、复制相关资料，查询、检查相关信息系统等措施，并可以要求有关单位和个人就相关事项作出说明。被检查者应当如实反映情况、提供资料，不得拒绝、阻碍。

进行现场检查，检查人员不得少于 2 人，并应当出示执法证件。检查人员对检查中知悉的国家秘密、商业秘密，依法负有保密义务。

第十八条　任何单位和个人对违反本条例规定的行为，有权向生态环境主管部门和其他负有监督管理职责的部门举报。接到举报的部门应当依法及时处理，按照国家有关规定向举报人反馈处理结果，并为举报人保密。

第十九条　生态环境主管部门或者其他负有监督管理职责的部门的工作人员在碳排放权交易及相关活动的监督管理工作中滥用职权、玩忽职守、徇私舞弊的，应当依法给予处分。

第二十条　生态环境主管部门、其他负有监督管理职责的部门、全国碳排放权注册登记机构、全国碳排放权交易机构以及本条例规定的技术服务机构的工作人员参与碳排放权交易的，由国务院生态环境主管部门责令依法处理持有的碳排放配额等交易产品，没收违法所得，可以并处所交易碳排放配额等产品的价款等值以下的罚款；属于国家工作人员的，还应当依法给予处分。

第二十一条　重点排放单位有下列情形之一的，由生态环境主管部门责令改正，处 5 万元以上 50 万元以下的罚款；拒不改正的，可以责令停产整治：

（一）未按照规定制定并执行温室气体排放数据质量控制方案；

（二）未按照规定报送排放统计核算数据、年度排放报告；

（三）未按照规定向社会公开年度排放报告中的排放量、排放设施、统计核算方法等信息；

（四）未按照规定保存年度排放报告所涉数据的原始记录和管理台账。

第二十二条　重点排放单位有下列情形之一的，由生态环境主管部门责令改正，没收违法所得，并处违法所得 5 倍以上 10 倍以下的罚款；没有违法所得或者违法所得不足 50 万元的，处 50 万元以上 200 万元以下的罚款；对其直接负责的主管人员和其他直接责任人员处 5 万元以上 20 万元以下的罚款；拒不改正的，按照 50% 以上 100% 以下的比例核减其下一年度碳排放配额，可以责令停产整治：

（一）未按照规定统计核算温室气体排放量；

（二）编制的年度排放报告存在重大缺陷或者遗漏，在年度排放报告编制过程中篡改、伪造数据资料，使用虚假的数据资料或者实施其他弄虚作假行为；

（三）未按照规定制作和送检样品。

第二十三条　技术服务机构出具不实或者虚假的检验检测报告的，由生态环境主管部门责令改正，没收违法所得，并处违法所得 5 倍以上 10 倍以下的罚款；没有违法所得或者违法所得不足 2 万元的，处 2 万元以上 10 万元以下的罚款；情节严重的，由负责资质认定的部门取消其检验检测资质。

技术服务机构出具的年度排放报告或者技术审核意见存在重大缺陷或者遗漏，在年度排放报告编制或者对年度排放报告进行技术审核过程中篡改、伪造数据资料，使用虚假的数据资料或者实施其他弄虚作假行为的，由生态环境主管部门责令改正，没收违法所得，并处违法所得5倍以上10倍以下的罚款；没有违法所得或者违法所得不足20万元的，处20万元以上100万元以下的罚款；情节严重的，禁止其从事年度排放报告编制和技术审核业务。

技术服务机构因本条第一款、第二款规定的违法行为受到处罚的，对其直接负责的主管人员和其他直接责任人员处2万元以上20万元以下的罚款，5年内禁止从事温室气体排放相关检验检测、年度排放报告编制和技术审核业务；情节严重的，终身禁止从事前述业务。

第二十四条 重点排放单位未按照规定清缴其碳排放配额的，由生态环境主管部门责令改正，处未清缴的碳排放配额清缴时限前1个月市场交易平均成交价格5倍以上10倍以下的罚款；拒不改正的，按照未清缴的碳排放配额等量核减其下一年度碳排放配额，可以责令停产整治。

第二十五条 操纵全国碳排放权交易市场的，由国务院生态环境主管部门责令改正，没收违法所得，并处违法所得1倍以上10倍以下的罚款；没有违法所得或者违法所得不足50万元的，处50万元以上500万元以下的罚款。单位因前述违法行为受到处罚的，对其直接负责的主管人员和其他直接责任人员给予警告，并处10万元以上100万元以下的罚款。

扰乱全国碳排放权交易市场秩序的，由国务院生态环境主管部门责令改正，没收违法所得，并处违法所得1倍以上10倍以下的罚款；没有违法所得或者违法所得不足10万元的，处10万元以上100万元以下的罚款。单位因前述违法行为受到处罚的，对其直接负责的主管人员和其他直接责任人员给予警告，并处5万元以上50万元以下的罚款。

第二十六条 拒绝、阻碍生态环境主管部门或者其他负有监督管理职责的部门依法实施监督检查的，由生态环境主管部门或者其他负有监督管理职责的部门责令改正，处2万元以上20万元以下的罚款。

第二十七条 国务院生态环境主管部门会同国务院有关部门建立重点排放单位等交易主体、技术服务机构信用记录制度，将重点排放单位等交易主体、技术服务机构因违反本条例规定受到行政处罚等信息纳入国家有关信用信息系统，并依法向社会公布。

第二十八条 违反本条例规定，给他人造成损害的，依法承担民事责任；构成违反治安管理行为的，依法给予治安管理处罚；构成犯罪的，依法追究刑事责任。

第二十九条 对本条例施行前建立的地方碳排放权交易市场，应当参照本条例的规定健全完善有关管理制度，加强监督管理。

本条例施行后，不再新建地方碳排放权交易市场，重点排放单位不再参与相同温室气体种类和相同行业的地方碳排放权交易市场的碳排放权交易。

第三十条 本条例下列用语的含义：

（一）温室气体，是指大气中吸收和重新放出红外辐射的自然和人为的气态成分，包括二氧化碳、甲烷、氧化亚氮、氢氟碳化物、全氟化碳、六氟化硫和三氟化氮。

（二）碳排放配额，是指分配给重点排放单位规定时期内的二氧化碳等温室气体的排放额度。1个单位碳排放配额相当于向大气排放 1 吨的二氧化碳当量。

（三）清缴，是指重点排放单位在规定的时限内，向生态环境主管部门缴纳等同于其经核查确认的上一年度温室气体实际排放量的碳排放配额的行为。

第三十一条 重点排放单位消费非化石能源电力的，按照国家有关规定对其碳排放配额和温室气体排放量予以相应调整。

第三十二条 国务院生态环境主管部门会同国务院民用航空等主管部门可以依照本条例规定的原则，根据实际需要，结合民用航空等行业温室气体排放控制的特点，对民用航空等行业的重点排放单位名录制定、碳排放配额发放与清缴、温室气体排放数据统计核算和年度排放报告报送与核查等制定具体管理办法。

第三十三条 本条例自 2024 年 5 月 1 日起施行。

小知识

全国碳市场政策与法规汇总见表 1-2。

表 1-2 全国碳市场政策与法规汇总

分类	政策与法规
管理办法	◆ 碳排放权交易管理暂行条例 ◆ 北京市碳排放权交易管理办法（试行） ◆ 天津市碳排放权交易管理暂行办法 ◆ 上海市碳排放管理试行办法 ◆ 重庆市碳排放权交易管理暂行办法 ◆ 湖北省碳排放权管理和交易暂行办法 ◆ 广东省碳排放管理试行办法 ◆ 深圳市碳排放权管理暂行办法 ◆ 福建省碳排放权管理暂行办法
操作政策	◆ 企业温室气体排放报告核查指南（试行） ◆ 2021、2022 年度全国碳排放权交易配额总量设定与分配实施方案（发电行业） ◆ 企业温室气体排放核算方法与报告指南发电设施（征求意见稿） ◆ 全国碳排放权登记交易结算管理办法（试行）（征求意见稿） ◆ 碳排放权交易有关会计处理暂行规定 ◆ 大型活动碳中和实施指南（试行）

学习子情境 1.3　碳资产管理支撑系统

1.3.1　注册登记系统

知识准备

一、什么是注册登记系统？

碳资产支撑
系统

碳排放权注册登记系统（以下简称"注册登记系统"）是指为各类市场主体提供碳排放配额（以下简称"配额"）法定确权登记、结算和注销服务，实现配额分配、清缴及履约等业务管理的电子系统，如图 1-3 所示。总体来说，注册登记系统是统一存放全国碳市场中碳资产和资金的"仓库"。通过制定注册登记相关制度及其配套业务管理细则，对注册登记系统及其管理机构实施监管。

图 1-3　国家自愿减排和排放权交易注册登记系统

注册登记系统的用户包括各级主管部门、登记结算管理机构以及重点排放单位等市场参与主体。系统用户实行分级管理，分为管理层和市场参与层。面对不同类型的用户，注册登记系统提供不同的功能。

二、系统功能

（一）市场参与主体

（1）开户与账户管理

注册登记系统为碳市场参与主体提供碳排放权登记账户、资金结算账户及交易账户的开立功能，并提供开户信息变更、账户注销等账户管理功能。市场参与主体开户分 4 个步骤，如图 1-4 所示。

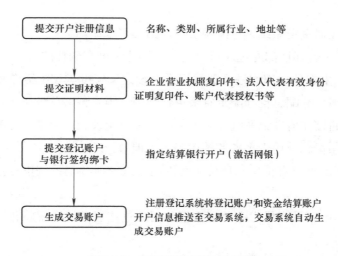

图 1-4 市场参与主体开户步骤

（2）碳资产管理

碳资产管理功能分为碳资产查询和碳资产使用。

1）碳资产查询：市场参与主体可通过注册登记系统来查询该账户中碳资产持有量、交易账户中碳资产持有量、碳资产持有总量以及碳资产历史变动情况。

2）碳资产使用：通过注册登记系统使用碳资产进行交易、划转、履约、抵消等。

（3）资金管理

资金管理功能分为出入金管理和资金查询。

1）出入金管理：市场参与主体通过注册登记系统进行出入金操作。

2）资金查询：市场参与主体通过注册登记系统查询账户余额、历史出入金详情，交易资金历史变动情况、银行卡信息等资金相关信息。

（4）业务管理

市场参与主体可通过注册登记系统开展碳资产托管、质押等碳金融业务。

（5）交易划转

市场参与主体在计划交易注册登记账户中持有配额时，需要通过注册登记系统将配额由登记账户划转至交易账户，并将持仓数据映射至交易系统以供交易。

（二）主管部门

（1）用户管理

国家主管部门可通过注册登记系统进行用户管理。

1）开户管理：开立省级主管部门、登记结算机构、重点排放单位、地方碳排放权交易服务机构、其他市场参与者的账户等。

2）设置各类账户的功能权限。

（2）配额管理

主管部门通过注册登记系统进行配额发放、拍卖等工作。

1）配额创建：生态环境部通过注册登记系统创建年度配额标的。

2）总量管理：生态环境部通过注册登记系统设定每年度国家配额总量、国家分配总量和国家预留总量。国家分配总量分配至省级主管部门，国家预留总量用于拍卖等市场调节机制。省级主管部门通过注册登记系统设定本省的分配总量及预留总量，分配总量再分配至省内重点排放单位，预留总量用于本省的拍卖等市场调节。

3）配额分配：国家及省级生态环境主管部门通过注册登记系统进行重点排放单位初始配额的发放。

4）拍卖管理：国家及省级生态环境主管部门通过注册登记系统将预留配额划转至交易系统进行拍卖。

5）收缴退还：主管部门可以对已发放的配额进行收缴，并对收缴配额进行退还或注销操作。

6）冻结解冻：主管部门可通过注册登记系统对用户持有的配额进行冻结或解冻操作。

7）注销管理：生态环境部可通过注册登记系统对履约配额、收缴配额进行注销。

（3）履约管理

履约管理功能包括履约通知、清缴履约申请受理和强制履约。

1）履约通知：主管部门在年度履约量确定后，通过注册登记系统给重点排放单位发放履约通知，规定应履约数量、履约截止日期及抵消规则等。

2）清缴履约申请受理：重点排放单位提交清缴履约申请后，主管部门通过注册登记系统受理重点排放单位提交的申请。

3）强制履约：主管部门可通过注册登记系统对不主动进行履约的重点排放单位强制收缴对应数量的配额，以助于重点排放单位完成履约。

（4）信息查询

注册登记系统为主管部门提供配额分配、用户持仓（碳资产和资金）、业务信息、交易划转、履约信息、注销信息等信息查询及统计功能。

（5）监督管理

主管部门可通过注册登记系统监管用户信息、业务信息、资金信息、交易行情、交易流水等信息。注册登记系统具备统计分析、阈值预警、日志查询等监管功能，协助各级生态环境主管部门对登记和交易行为进行监管。

注册登记系统通过总量设定、设置最大分配阈值以及收缴等发放调节机制，防止分配过程中超分配和误分配风险。同时可通过履约进度分析、强制履约等方式监管履约清缴。

注册登记系统通过中央集中登记实现主管部门对用户及其资金和持仓信息的全面掌握，实时监控用户持仓量和资金信息，对异常账户、资金及持仓进行监管。

（三）登记结算

（1）用户管理

登记结算机构可通过注册登记系统实现用户管理功能，包括：审核市场参与主体的开户申请，开立登记账户和资金结算账户；用户账户的信息修改、冻结、解冻、注销、修改密码、权限设置等。

（2）登记管理

注册登记系统中的信息是判断配额等碳资产归属的最终依据，碳资产的归属、数量的确认均以注册登记系统录入的信息为准。市场参与主体可通过注册登记系统进行配额等碳资产的初始登记、变更登记及注销登记。

初始登记：配额分配。

变更登记：履约、交易划转、交易清算、交易结算等业务操作，以及企业分立、合并等引起的碳资产变更。

注销登记：履约注销、收缴注销、自愿注销等。

（3）清算、结算管理

清算、结算是指计算用户碳资产及资金变更情况，并按照计算结果对其碳资产进行确权变更与资金交割。注册登记系统负责碳资产和资金的清算和结算，其管理功能包括交易所数据管理、日终数据管理及日终清算结算。

1）交易所数据管理：对交易所每日数据记录，如成交数据、委托数据、费用数据、行情数据等，进行业务要素检查、合规检查并接收，以独立于交易所的身份为客户提供可信数据查询。同时，注册登记系统也可为监管机构提供对应的日间数据接口。

2）日终数据管理：日终清算开始前，交易所将批量数据上传至文件服务器并通知注册登记系统；注册登记系统获取交易所数据后，将其与盘中接收的交易所数据进行核对，如果出现错误或不一致的记录，则记录异常并协调处理。

3）日终清算结算：每日交易结束后，注册登记系统按照交易流水逐步进行交易碳资产及资金的清算，将清算结果与交易系统进行核对，确认交易信息，并根据交易结果及登记划转交易结果完成碳资产的确权变更和资金的交割，实现银货对付，确保交易的安全性。

（4）分佣管理

用户可通过注册登记系统对交易手续费进行分佣操作，并对各经纪商、交易机构、登记结算机构的佣金进行统计管理。

（5）业务管理

注册登记系统受理市场参与主体提交的业务申请，包括碳资产存管申请、质押申请等，为其提供存管返还、质押融资等服务。

（6）监督管理

主管部门可通过注册登记系统对履约、资金及交易行为进行穿透式监管。

1）履约风险监管：日终清算后，可根据注册登记系统重点排放单位相关交易信息和碳资产信息等分析重点排放单位履约风险，筛选出高风险重点排放单位名单向国家主管部门汇报。对于高履约风险的重点排放单位（可购买配额量＜应履约量－总持仓量），系统将通知其短缺的履约数量及成本，同时国家主管部门可通过注册登记系统限制其向交易系统划转配额，控制履约风险。

2）资金监管：可通过注册登记系统查询用户出入金、交易资金变动、资金余额等相关信息，可对异常资金账户采取限制出入金、冻结资金账户等相关操作以进行资金监管。

3）交易监管：注册登记系统根据持仓信息、交易划转信息、交易流水、结算价等相关信息，对市场参与主体的异常交易行为进行预警与监管；通过交易系统上报的交易流水，对用户交易持仓及资金进行核对监管，避免非法或人为篡改交易数据。

> **小知识**
>
> 注册登记系统用户功能汇总见表 1-3。
>
> 表 1-3　注册登记系统用户功能汇总
>
> | 系统用户 | 功能 |
> | --- | --- |
> | 国家管理员 | 开户、账户权限管理；
总量设置、省级配额分配、配额拍卖划转、履约管理、注销管理等；
业务审核、信息查询、信息统计与发布；
风险预警、市场监管 |
> | 省级管理员 | 所辖区域重点排放单位配额分配、省级拍卖划转、抵消条件设置、履约管理、业务审核 |
> | 登记结算管理机构 | 开户审核与账户管理、登记管理、清结算管理、分佣管理、质押及存管等业务管理、监督管理 |
> | 重点排放单位 | 开户、持有碳资产登记、碳资产管理、集团账户管理、交易划转、清缴、自愿注销、质押及存管等业务管理 |
> | 其他市场参与主体 | 开户、持有碳资产登记、碳资产管理、交易划转、自愿注销、质押及存管等业务管理 |

实务模板 1-1　全国碳排放权注册登记系统开户申请表

全国碳排放权注册登记系统开户申请表
（省级主管部门）

一、基本信息	
1. 所属省（区、市或兵团）	
2. 联系地址	

二、省级管理员详细信息

发起管理员

1. 姓名		部门和职务	
2. 身份证明类型		证件号码	
3. 联系地址			
4. 联系电话	固定电话：	手机：	
5. 电子邮箱			

确认管理员

1. 姓名		部门和职务	
2. 身份证明类型		证件号码	
3. 联系地址			
4. 联系电话	固定电话：	手机：	
5. 电子邮箱			

三、申请单位声明

本单位申请在全国碳排放权注册登记系统中为上述人员开设省级管理员账户。上述所提供的信息及相关材料属实。

负责人签字（加盖公章）：

日期：　　　年　　月　　日

备注：开立注册登记系统账户，随本表格还需附省级管理员身份证明复印件。

全国碳排放权注册登记系统开户申请表
（重点排放单位）

一、基本信息				
1. 单位名称				
2. 单位类型（单选）	国有企业□ 事业单位□	外资企业□ 社会团体□	合资企业□ 其他□	民营企业□
3. 所属行业[⊖]		分类代码和类别名称[⊜]		
4. 注册地址				
5. 主要生产经营场所地址				
6. 统一社会信用代码[⊜]		组织机构代码		
营业执照号码		税务登记证号码		
二、法定代表人信息^④				
1. 姓名				
2. 身份证明类型		证件号码		
三、账户代表人信息^⑤				
1. 姓名		部门和职务		
2. 身份证明类型		证件号码		
3. 联系地址				
4. 联系电话	固定电话：		手机：	
5. 电子邮箱				
四、联系人信息^⑥				
1. 姓名		部门和职务		
2. 身份证明类型		证件号码		
3. 联系地址				
4. 联系电话	固定电话：		手机：	
5. 电子邮箱				

⊖ 包括电力、建材、钢铁、有色金属、石化、化工、造纸、民航和其他。

⊜ 参照《国民经济行业分类（GB/T 4754—2017）》填写，如电力行业填写 4411 火力发电、4412 热电联产、4417 生物质能发电等。自备电厂填写各自所属行业分类代码和类别名称，如 3120 炼钢等。

⊜ 三证合一单位填写统一社会信用代码；未三证合一的单位填写组织机构代码、营业执照号码及税务登记证号码。

④ 非法人单位填写负责人信息。

⑤ 经授权的账户代表人负责进行系统操作和账户管理。注册登记系统和交易系统账户代表人可为同一人。

⑥ 联系人负责沟通联系系统操作、账户管理等事宜，账户代表人和联系人可为同一人。注册登记系统和交易系统联系人可为同一人。

（续）

五、附件					
1. 营业执照副本复印件	有 □	无 □	2. 组织机构代码证复印件	有 □	无 □
3. 税务登记证复印件	有 □	无 □	4. 法定代表人身份证明复印件	有 □	无 □
5. 账户代表人授权委托书	有 □	无 □	6. 账户代表人身份证明复印件	有 □	无 □
7. 联系人身份证明复印件	有 □	无 □			

六、申请人声明

上述所提供的信息及相关材料真实、准确、完整、有效。若存在虚报、假报、漏报或其他材料瑕疵，申请人将承担由此引起的相关损失及法律责任。

法定代表人签字（加盖公章）：

日期： 年 月 日

备注：开立注册登记系统账户，随本表格还应附上加盖重点排放单位公章的以下材料。
—营业执照副本复印件
—组织机构代码证复印件（如有）
—税务登记证复印件（如有）
—法定代表人身份证明复印件
—账户代表人授权委托书
—账户代表人身份证明复印件
—联系人身份证明复印件

全国碳排放权注册登记系统账户代表人授权委托书

全国碳排放权注册登记系统账户代表人授权委托书

兹授权本单位_____先生／女士（身份证明号码：_____）为本单位在全国碳排放权注册登记系统的账户代表人，全权代表本单位开展全国碳排放权注册登记系统的账户使用及管理工作，由此带来的相关责任和后果由本单位承担。

单位名称（盖章）：

法定代表人（签字）：

日期：　　　年　　月　　日

1.3.2 全国交易系统

知识准备

一、碳排放权交易系统概况

根据碳排放权交易相关管理制度规定，交易机构为碳交易提供交易等服务和综合信息服务的基础设施。交易系统是以高效、安全、便捷地实现碳交易为目的，支撑整个碳排放权交易的网上开户、客户管理、交易管理、挂单申报、撮合成交、行情发布、风险控制、市场监督等综合功能的电子系统。碳排放权交易系统的用户是各级主管部门、登记结算管理机构、重点排放单位及其他自愿参与碳交易的单位。

二、功能模块

（1）客户管理

客户需在开设交易账户后才可进行交易。开设交易账户需要根据交易机构的要求提供客户信息、证明文件以及风险揭示书，通过交易系统进行相关信息填报，经系统审核后开设交易账户。交易账户、登记账户、资金结算账户须一一对应，资金账户需要在指定的结算银行开设。成功开设交易账户后，客户会通过对应交易机构获得用户名和密码。用户可以在交易所网站下载交易系统客户端，登录后可进行交易。

（2）交易模式

交易模式分为挂牌交易和协议转让。

1）挂牌交易。

在规定的时间客户通过交易系统进行买卖委托，交易系统对买卖委托采取单项逐笔配对的公开竞价交易方式。在非交易时段不接受委托。单笔挂牌交易数量不能超过协议转让规定的规模。挂牌交易的涨跌幅受市场发展需要限制，交易所可以根据市场情况调整交易时间和涨跌幅。

挂牌交易实行全额交易，委托报价有时效性，且当天买入的配额不可卖出，不可转出。当天卖出交易获得的资金可用于再次买入交易，但不可取出。因此，在客户需要买入挂牌交易的配额时，必须保证账户内有足额资金才能申报成功；客户需要通过挂牌交易卖出配额时，必须保证账户内有足额的配额，且申报卖出配额的数量不得超过其交易账户内可交易配额的量。

委托报价被交易系统接受后即刻生效，并在该交易日内有效，该交易日结束后自动失效。委托生效后，交易账户内的相应资金和配额即被冻结，若未完成委托可以进行撤销操作，如未撤销，则在该交易日结束后自动失效，该笔资金和配额自动解冻。在非交易时间或交易暂停期间，交易系统不接受任何委托或撤销委托的指令。

2）协议转让。

协议转让是指交易双方协商达成一致意见并确认成交的交易方式，包括挂牌协议交易及大宗协议交易。其中，挂牌协议交易是指交易主体通过交易系统提交卖出或买入挂牌申报，意向受让方或者出让方对挂牌申报进行协商并确认成交的交易方式。大宗协议交易是指交易双方通过交易系统进行报价、询价并确认成交的交易方式。

协议转让的涨跌幅以挂牌交易的当日收盘价为基准，发起协议转让的一方通过交易系统输入产品代码、产品名称、数量、价格、是否定向等信息发起协议转让订单，受让方通过协议转让列表选择对应的转让协议并单击下单，确认协议编码、品种编码、品种名称、数量、价格后，下单成功。协议转让双方需在下单前，确保账户中拥有与买卖申报相对应的配额或资金。

（3）风险控制

交易系统对不同的交易模式实行不同的涨跌幅限制制度、配额最大持有量限制制度、大户报告制度和风险警示制度。交易系统根据市场风险状况调整涨跌幅限制，客户持有的配额数量不得超过交易机构的规定限额。如果客户配额持有量达到交易系统规定的上限，须在下一交易日收市前向交易机构提交报告。

交易系统的监控系统发现以下异常情况时，会发出警示、冻结账户、限制出入金、限制交易、冻结配额或资金等处罚措施：

1）大量或多次自买自卖；

2）大额申报、连续申报、密集申报或申报价格明显偏离当时的最新成交价格，影响交易价格或误导其他客户交易；

3）大量或多次申报并撤销，影响交易；

4）大量或多次进行高买低卖，影响交易价格等。

（4）信息公开

交易系统实时发布交易市场行情，包括配额代码、前一交易日收盘价、当前成交价格、当日最高成交价、当日最低成交价、当日累计成交量、当日累计成交金额、涨跌幅等信息。交易所可根据需要，调整即时行情发布的内容和方式。交易系统还公开每日开盘价、收盘价、最高价、最低价、交易量等历史信息。

（5）系统对接

交易系统与注册登记系统对接，交易账户和登记账户、资金结算账户一一对应。注册登记系统在每交易日交易前，将登记账户、资金结算账户中的配额和资金数据映射至交易账户，交易结束后，交易系统将当日的交易结果返回注册登记系统，最终由注册登记系统完成账户的配额变更。

广州碳排放权交易所交易信息如图 1-5 所示。

图 1-5　广州碳排放权交易所交易信息

实务模板 1-3 全国碳排放权交易系统开户申请表

全国碳排放权交易系统开户申请表
（重点排放单位）

一、基本信息				
1. 单位名称				
2. 单位类型（单选）	国有企业□ 事业单位□	外资企业□ 社会团体□	合资企业□ 其他□	民营企业□
3. 所属行业[⊖]			分类代码和类别名称[⊜]	
4. 注册地址				
5. 主要生产经营场所地址				
6. 统一社会信用代码[⊜]			组织机构代码	
营业执照号码			税务登记证号码	
二、法定代表人信息[⊕]				
1. 姓名				
2. 身份证明类型			证件号码	
三、账户代表人信息^⑤				
1. 姓名			部门和职务	
2. 身份证明类型			证件号码	
3. 联系地址				
4. 联系电话	固定电话：		手机：	
5. 电子邮箱				
四、联系人信息^⑥				
1. 姓名			部门和职务	
2. 身份证明类型			证件号码	
3. 联系地址				
4. 联系电话	固定电话：		手机：	
5. 电子邮箱				

⊖ 包括电力、建材、钢铁、有色金属、石化、化工、造纸、民航和其他。

⊜ 参照《国民经济行业分类（GB/T 4754—2017）》填写，如电力行业填写 4411 火力发电、4412 热电联产、4417 生物质能发电等。自备电厂填写各自所属行业分类代码和类别名称，如 3120 炼钢等。

⊜ 三证合一单位填写统一社会信用代码；未三证合一的单位填写组织机构代码、营业执照号码及税务登记证号码。

⊕ 非法人单位填写负责人信息。

⑤ 经授权的账户代表人负责进行系统操作和账户管理。注册登记系统和交易系统账户代表人可为同一人。

⑥ 联系人负责沟通联系系统操作、账户管理等事宜，账户代表人和联系人可为同一人。注册登记系统和交易系统联系人可为同一人。

（续）

五、附件				
1．营业执照副本复印件	有 □　　无 □	2．组织机构代码证复印件	有 □　　无 □
3．税务登记证复印件	有 □　　无 □	4．法定代表人身份证明复印件	有 □　　无 □
5．账户代表人授权委托书	有 □　　无 □	6．账户代表人身份证明复印件	有 □　　无 □
7．联系人身份证明复印件	有 □　　无 □		

六、申请人声明

上述所提供的信息及相关材料真实、准确、完整、有效。若存在虚报、假报、漏报或其他材料瑕疵，申请人将承担由此引起的相关损失及法律责任。

法定代表人签字（加盖公章）：

日期：　　　年　　月　　日

备注：开立交易系统账户，随本表格还应附上加盖重点排放单位公章的以下材料。
　　　—营业执照副本复印件
　　　—组织机构代码证复印件（如有）
　　　—税务登记证复印件（如有）
　　　—法定代表人身份证明复印件
　　　—账户代表人授权委托书
　　　—账户代表人身份证明复印件
　　　—联系人身份证明复印件

实务模板 1-4 全国碳排放权交易系统账户代表人授权委托书

全国碳排放权交易系统账户代表人授权委托书

兹授权本单位_____先生 / 女士（身份证明号码：_____）为本单位在全国碳排放权交易系统的账户代表人，全权代表本单位开展全国碳排放权交易系统的账户使用及管理工作，由此带来的相关责任和后果由本单位承担。

单位名称（盖章）：

法定代表人（签字）：

日期： 年 月 日

1.3.3　企业温室气体排放数据直报系统

知识准备

　　企业温室气体排放数据直报系统（以下简称"温报系统"）由综合管理、数据报告与监测、核算方法与规则管理、数据质量控制与审核、数据分析与发布五大子系统构成，是集重点排放单位温室气体排放数据报告与审核，国家、省（市）级生态环境主管部门温室气体排放报告管理，温室气体排放方法学管理，排放数据综合分析与发布等需求为一体的综合性温室气体管控工具，如图 1-6、图 1-7 所示。温报系统服务用户包括国家及地方主管部门、重点企业、技术支撑机构及社会公众等。温报系统中的重点企业排放数据，是核算和分配重点企业配额碳资产的重要依据，也是政府主管部门或支撑机构进行配额分配、标准制定、形势分析等的数据支撑。

图 1-6　国家温室气体清单信息及排放数据综合管理平台

图 1-7　企业温室气体排放数据直报系统

学习情境小结

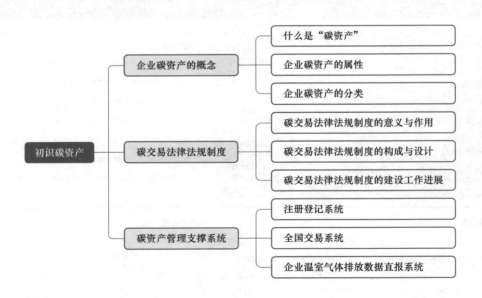

学习情境 2

探索配额碳资产

 职业能力目标

- ○ 了解配额碳资产概念
- ○ 了解全国碳排放权交易配额总量设计原理
- ○ 能够分析全国碳市场和区域碳市场配额区别
- ○ 能够描述企业碳配额的分配方法
- ○ 能够使用企业配额分配方法进行核算
- ○ 能自主搜索和学习企业碳配额核定工作相关信息

 工作任务与学习子情境

工作任务	学习子情境
了解配额碳资产总量设计原理	配额总量设计
了解全国碳市场配额和区域碳市场配额分配办法	
熟悉配额分配的类型及方法	配额分配
掌握配额核算方法	
熟悉配额核定工作流程	

学习子情境 2.1 配额总量设计

2.1.1 全国碳市场配额总量设计

知识准备

配额总量设计

一、配额总量

碳排放权配额（简称"配额"），是政府分配的碳排放权凭证和载体，是碳排放权交易体系内的单位和个人依法取得，可用于交易和重点企业温室气体排放量抵扣的指标。每单位配额代表持有者被允许向大气中排放 1 吨二氧化碳当量温室气体的权利。配额是碳排放权交易市场的主要标的物。配额总量是政府在规定时间跨度内发放的配额上限数量，它决定了该时间跨度内所覆盖的排放源对全球碳排放的贡献量。

（一）总量设定

1. 定义

碳排放权交易限制了配额总量，并设立了交易市场，从而使配额具有价值（即"碳价"）。总量设定得越严格则发放配额的绝对数量越少，配额的稀缺性越高，在其他条件不变的情况下，碳价越高。

配额的总量设定包括配额的内容和时间跨度。碳排放权配额是碳排放权交易市场按每单位（吨）温室气体折算二氧化碳的量，即二氧化碳当量（CO_2e），来发放配额。而总量设定的时间跨度则可以以一年或多年来划定。总量的时间跨度通常与承诺期或碳排放权交易体系的阶段相对应。总量设定和修正过程应具有充分可预测性从而引导长期投资决策，同时应保持政策灵活性以便及时对新信息和新情况做出反应。

2. 覆盖范围

确立覆盖范围是建立碳排放权交易体系的第一步。覆盖范围是指需要纳入碳排放权交易体系的温室气体类型以及涉及的排放源，一般重点考虑覆盖行业、覆盖气体和纳入标准。理论上，所有排放源、排放部门及温室气体类型均应纳入碳排放权交易体系范畴，但因成本、技术、能力、履约控制手段的可行性、体系管理的行政负担等因素，目前已运行的碳排放权交易体系覆盖范围基本是数据统计基础较好、减排潜力较大的大型排放源。

（1）覆盖行业

纵观全球，现行碳排放权交易体系的覆盖行业主要为能源部门和能源密集型行业。几乎全球运行中的碳排放权交易体系都覆盖了电力和工业排放，部分碳市场覆盖了与建筑利用相关的排放，少数碳市场覆盖了废弃物或林业活动的排放。随着时间的推移，碳市场的建设将逐步完善，纳入碳市场的行业数量也会逐步增加，其他未被纳入的行业也可能通过采取补充政策措施来进行排放管控。

小知识

全球部分主要碳排放权交易体系覆盖行业情况见表 2-1。

表 2-1　全球部分主要碳排放权交易体系覆盖行业情况

体系	行业						
	工业	电力	建筑	交通	废弃物	航空	林业
欧洲和中亚							
欧盟排放交易体系（EU-ETS）	●	●				●	
瑞士	●						
哈萨克斯坦	●			●	●		
北美							
美国区域温室气体减排行动（RGGI）		●					
美国加州碳市场（California Cap & Trade）	●	●	●	●			
加拿大魁北克	●	●	●	●			
亚太							
新西兰	●	●	●	●	●	●	●
韩国	●	●	●	●			
日本东京都总量限制交易体系	●			●			

（2）覆盖气体

任何会吸收和释放红外线辐射并存在大气中的气体均为温室气体，《京都议定书》中规定控制的温室气体为：二氧化碳（CO_2）、甲烷（CH_4）、氧化亚氮（N_2O）、氢氟碳化物（HFCs）、全氟碳化物（PFCs）、六氟化硫（SF_6）和三氟化氮（NF_3）等。但因监测所有温室气体的难度很大，不同温室气体对温室效应的贡献不尽相同，且二氧化碳占温室气体的 80% 以上，因此，大部分碳排放权交易体系初期仅覆盖二氧化碳一种温室气体，在体系成熟后，逐渐纳入其他温室气体。

（3）纳入标准

在控制温室气体排放的同时，需要保持社会的稳定和经济的增长，同时考虑行政成本等因素。碳排放权交易体系一般情况下只要求排放量或年综合能耗达到某一特定排放限值的相关设施或单位纳入，即参与者的纳入标准。

小知识

全球部分主要碳排放权交易体系纳入标准见表 2-2。

表 2-2　全球部分主要碳排放权交易体系纳入标准

碳排放权交易体系	纳入标准
欧盟排放交易体系 （EU-ETS）	纳入标准：燃烧活动的产能纳入标准为额定热输入 >20 兆瓦。航空业排放纳入标准不包括运营航班年排放量低于 10000 吨二氧化碳的航空运输运营商； 排放源类别：与排放水平无关的特定排放源类别（如铝、氨、焦炭、精炼油和矿物油的生产）； 产能纳入标准：按行业划分，如玻璃制造业要求熔炼能力大于 20 吨 / 天
美国加州碳市场 （California Cap & Trade）	排放量纳入标准：年排放量 ≥ 25000 吨二氧化碳当量的所有设施； 排放源类别：与排放水平无关的部分排放源类别（如水泥生产、石灰制造、石油精炼厂）； 嵌入式排放量：石油产品、天然气、液化天然气和二氧化碳供应商，因消费已生产和已销售产品而产生的年度排放量 ≥ 10000 吨二氧化碳当量
韩国	排放量纳入标准：设施层面 > 每年 25000 吨二氧化碳当量； 实体层面 > 每年 125000 吨二氧化碳当量； 每年排放量为 15000 吨至 25000 吨二氧化碳当量的设施仍受目标管理办法的规管
新西兰	燃料纳入标准：液体化石燃料；有义务每年移除 50000 升燃料，用于家庭消费或炼油厂中； 固定能源：包括进口煤炭和煤炭开采超过每年 2000 吨的、天然气超过每年 10000 升的燃烧油、原油、废油和炼制石油企业； 排放源类别：工业过程、林业及其他
美国区域温室气体减排行动 （RGGI）	容量纳入标准：产能 ≥ 25 兆瓦的发电厂
日本东京都总量 限制交易体系	燃料纳入标准：燃油 / 热 / 电消耗量 >1500 千升（立方米）原油当量（COE）的所有设施； 排放量纳入标准：对非能源二氧化碳及其他温室气体而言，与年排放量 ≥ 3000 吨二氧化碳当量的所有实体及员工人数至少 21 人的公司； 运输能力纳入标准：具有一定运输能力的实体（如至少拥有 300 节火车车厢或 200 辆巴士）

（二）总量分类

总量分为绝对总量和相对总量。

1）绝对总量：规定重点排放单位可获得的配额数量上限。

2）相对总量：强度总量，即规定对每单位产出或投入所发放的配额数量。

政策制定者在选择总量类型时，需要考虑以下关键因素：

1）整个经济体总体减排目标的性质。

2）政策制定者对限制未来排放密集型企业和生产活动的决心。

3）未来经济增长的不确定水平，如在快速增长和结构转型经济体中。

4）数据的可获取性。

5）与其他考虑进行连接的体系之间的兼容性等。

（三）总量严格性

总量严格性的原则是相关司法管辖区域在其覆盖行业内可实现的减排效果和达成减排目标的速度，同时能够对全球碳减排产生贡献。政策制定者在进行总量设计时需考虑以下三个主要问题：第一，平衡减排力度与碳排放权交易体系成本，总量控制越严格，体系所覆盖的实体需要投入的成本越大；第二，统筹总量严格程度与减排目标严格程度；第三，权衡覆盖与非覆盖行业的减排责任分配，应考虑行业在减排方面的相对能力。

碳排放权交易体系的总量确定了政府在规定时间区间内发放的配额上限数量，反映了该体系对国内和国际减排的贡献大小。总量的严格度和实现减排目标的时间跨度是决定司法管辖区减排路径的关键要素。

二、我国碳排放权交易总体设计特色

知识准备

碳市场核心要素 - 覆盖范围及配额总量 -1

目前全球已建成的碳排放权交易体系都是基于总量控制的，即预设一个固定的碳排放总量。我国碳排放权交易运行初期阶段实行的是基于强度的碳排放权交易，这与国际上的总量控制有着本质的不同。基于强度的碳排放权交易是一个多行业可交易的碳排放绩效基准，是我国碳排放权交易最显著的特征。

我国建设国家碳市场的最根本目的是以最低的社会成本控制碳排放总量，确保《巴黎协定》和国家规划中相关目标的完成。全国碳市场于 2017 年 12 月启动，2021 年 6 月完成第一笔线上交易，共分基础建设期、模拟运行期和深化完善期三个阶段，如图 2-1 所示。

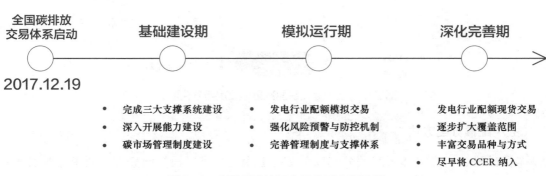

图 2-1　全国碳排放权交易体系建设阶段

（一）覆盖行业

从我国国情来看，超出 70% 的能源相关的碳排放来自能源和制造业工业部门。全国碳市场以发电行业为突破口率先启动，培育市场主体，完善市场监管，逐步扩大市场覆盖的行业，直至发电、钢铁、石化、化工、建材、有色金属、造纸和民用航空 8 大行业全部纳入。

全国碳市场
覆盖范围

（二）覆盖气体

全国碳排放权交易体系初期计划仅纳入二氧化碳。

（三）纳入标准

全国碳排放权交易体系初期交易主体为发电行业重点排放单位，即发电行业年排放达到 2.6 万吨二氧化碳当量的温室气体排放单位，简称重点排放单位。

（四）配额总量

全国碳市场
配额总量制定

生态环境部根据国家温室气体排放控制要求，综合考虑经济增长、产业结构调整、能源结构优化、大气污染物排放协同控制等因素，确定碳排放权总量与分配方案。采取"自上而下"和"自下而上"相结合的方式确定体系排放上限。"自上而下"和"自下而上"是碳市场中确定配额总量和配额分配的过程，"自上而下"是根据社会总体排放目标和行业特点，确定体系配额总量；"自下而上"是根据配额分配规则确定控排对象配额，然后加和得到体系的配额总量上限，如图 2-2 所示。

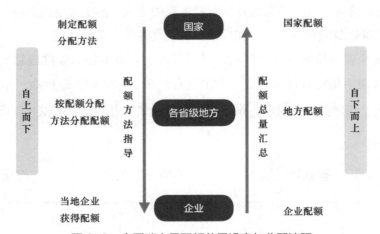

图 2-2　全国碳交易配额总量设定与分配流程

（五）配额分配方法

全国碳排放权交易体系配额分配以免费配额为主，可以根据国家有关要求适时引入有偿分配。2021、2022 年度配额实行免费分配，采用基准法核算机组配额量。

小知识

全国碳排放权交易市场的构成与运行机制如图 2-3、图 2-4 所示。

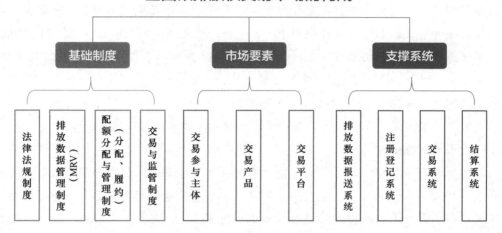

图 2-3　全国碳排放权交易市场的构成

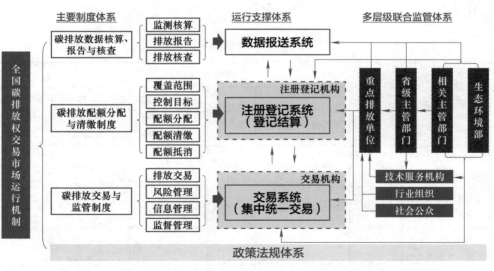

图 2-4　全国碳排放权交易市场运行机制

相关阅读

《2021、2022 年度全国碳排放权交易配额总量设定与分配实施方案（发电行业）》政策解读

2023 年 3 月 13 日，生态环境部发布《关于做好 2021、2022 年度全国碳排放权交易配额分配相关工作的通知》，各省、自治区、直辖市生态环境厅（局），新疆生产建设兵团生态环境局，湖北碳排放权交易中心、上海环境能源交易所应按照《2021、2022 年度全国碳排放权交易配额总量设定与分配实施方案（发电行业）》（以下简称"新方案"）中相关要求，做好 2021、2022 年度配额预分配、调整、核定、预支、清缴等各项工作。相较于《2019—2020 年全国碳排放权交易配额总量设定与分配实施方案（发电行业）》（以下简称"旧方案"），新方案在以下方面进行了改动：

一、不纳入范围

新方案在旧方案中"不具备发电能力的纯供热设施不纳入配额分配范围"的基础上新增了"2022 年新投产机组"，并对"不具备发电能力的纯供热设施"给出了更加明确的定义，即不具备发电能力的纯供热设施（热源在 2021 和 2022 年与发电设施保持物理隔断）。

二、配额核算

新方案在配额核算的相关参数方面有了较大的调整：

1）各机组的供热、供电基准值均有不同程度的下调，供热基准值调整较大，见表 2-3、表 2-4；

表 2-3　机组供电基准值调整

序号	机组类别	供电（tCO$_2$/MWh）						
		2019 年 - 2020 年基准值	2021 年平衡值	2021 年基准值	2022 年基准值	2019 年基准值与 2021 年平衡值对比	2019 年基准值与 2021 年基准值对比	2019 年基准值与 2022 年基准值对比
I	300MW 等级以上常规燃煤机组	0.877	0.8210	0.8218	0.8177	-6.39%	-6.29%	-6.76%
II	300MW 等级及以下常规燃煤机组	0.979	0.8920	0.8729	0.8729	-8.89%	-10.84%	-10.84%
III	燃煤矸石、煤泥、水煤浆等非常规燃煤机组（含燃煤循环流化床机组）	1.146	0.9627	0.9303	0.9303	-15.99%	-18.82%	-18.82%
IV	燃气机组	0.392	0.3930	0.3920	0.3901	0.26%	0	-0.48%

表 2-4 机组供热基准值调整

序号	机组类别	供热（tCO$_2$/GJ）						
		2019年-2020年基准值	2021年平衡值	2021年基准值	2022年基准值	2019年基准值与2021年平衡值对比	2019年基准值与2021年基准值对比	2019年基准值与2022年基准值对比
I	300MW等级以上常规燃煤机组	0.126	0.111	0.1111	0.1105	−11.9%	−11.83%	−12.3%
II	300MW等级及以下常规燃煤机组	0.126	0.111	0.1111	0.1105	−11.9%	−11.83%	−12.3%
III	燃煤矸石、煤泥、水煤浆等非常规燃煤机组（含燃煤循环流化床机组）	0.126	0.111	0.1111	0.1105	−11.9%	−11.83%	−12.3%
IV	燃气机组	0.059	0.056	0.056	0.0557	−5.08%	−5.08%	−5.59%

2）在冷却方式修正系数方面，新方案新增了"背压机组、内燃机组等特殊发电机组的冷却方式修正系数为1"；

3）新方案给出了机组负荷（出力）系数的参考标准《热电联产单位产品能源消耗限额》（GB 35574—2017）；

4）在新方案中热电联产机组修正系数不再为1，改为参考表2-5进行计算。

表 2-5 热电联产机组修正系数

统计期机组负荷（出力）系数	修正系数
$F \geq 85\%$	1.0
$80\% \leq F < 85\%$	$1+0.0014 \times (85-100F)$
$75\% \leq F < 80\%$	$1.007 + 0.0016 \times (80-100F)$
$F < 75\%$	$1.015^{(16-20F)}$

注：F 为机组负荷（出力）系数，单位为%

三、配额发放与调整

新方案将"配额发放"细化为"预分配配额及其发放"以及"核定配额及其发放"两个部分，并且新增了"配额调整"的详细描述。

配额调整：对执法检查中发现问题并需调整2019—2020年度碳排放核算结果的，以及存在其他需要调整配额情形的重点排放单位，省级生态环境主管部门应核算其2019—2020年度配额调整量，并在2021、2022年度配额预分配时予以调整。

四、配额清缴

新方案在配额清缴部分增加了"履约豁免机制及灵活机制"。包括：

1）燃气机组豁免。当燃气机组年度经核查排放量大于根据本方案规定的核算方法核定的配额量时，应发放配额量等于其经核查排放量。当燃气机组年度经核查排放量小于核定的配额量时，应发放配额量等于核定的配额量。

2）重点排放单位超过履约缺口率上限豁免。设定 20% 的配额缺口率，进一步控制配额发放总量。

3）2023 年度配额预支。对配额缺口率在 10% 及以上的重点排放单位，确因经营困难无法完成履约的，可从 2023 年度预分配配额中预支部分配额完成履约，预支量不超过配额缺口量的 50%。对于承担重大民生保障任务的重点排放单位，在执行履约豁免机制和灵活机制后仍无法履约的，统筹研究个性化纾困方案。

五、重点排放单位出现关停与搬迁情况时的配额处理

在新方案中，当重点排放单位的应发配额量大于清缴配额量时，该重点排放单位生产经营场所所在地省级生态环境主管部门将不再收回剩余配额，而是将其发还给重点排放单位。

2.1.2 区域碳市场配额总量设计

知识准备

我国碳市场自 2002 年起步，现已形成全国市场与 8 个区域市场共存的局面。我国碳市场的发展可分为三个阶段：第一阶段，2002—2012 年，通过《京都议定书》建立的清洁发展机制（CDM）项目参与国际交易；第二阶段，2013—2020 年，我国碳市场以试点先行的模式开展配额交易和中国核证自愿减排量（CCER）交易，建立国内自愿交易市场；第三阶段，2021 年至今，全国碳市场启动，目前仅覆盖电力行业，年覆盖二氧化碳排放量约 45 亿吨，成为目前全球最大规模的碳现货市场。2019 年电力行业正式纳入全国市场后，其余行业仍在区域碳市场中交易。国内区域碳市场启动时间如图 2-5 所示。

图 2-5 国内区域碳市场启动时间

截至 2020 年 11 月，试点碳市场共覆盖电力、钢铁、水泥等 20 余个行业近 3000 家重点排放单位，累计配额成交量约为 4.3 亿吨二氧化碳当量，累计成交额近 100 亿元人民币。除了常规活动外，北京、重庆、广东、上海、深圳和天津还发布或更新了各自的碳普惠制度，激励个人或小规模的温室气体减排项目，这些项目产生的减排量可用于对应的碳市场的履约。在配额总量设计上，区域市场与全国市场基本一致，但在配额分配上各有特点。

国内区域碳市场政策制度框架如图 2-6 所示。

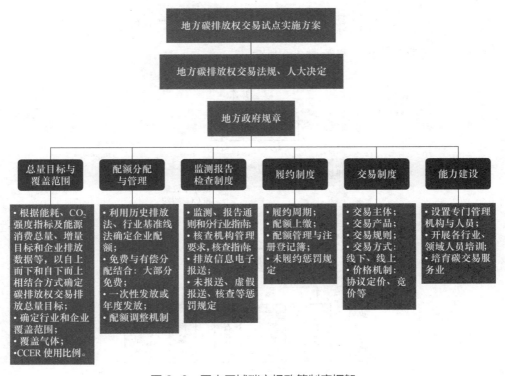

图 2-6 国内区域碳市场政策制度框架

小知识

全国碳市场配额分配流程如图 2-7 所示。

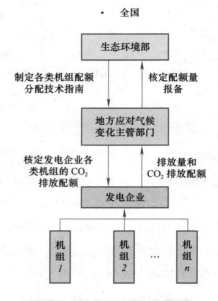

图 2-7 全国碳市场配额分配流程

广东碳市场配额分配流程如图 2-8 所示。

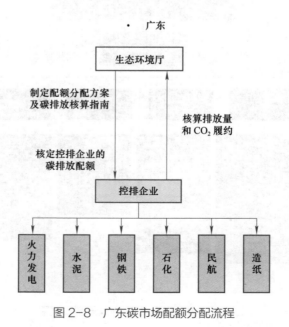

图 2-8 广东碳市场配额分配流程

相关阅读

全国各区域碳市场特点汇总见表 2-6。

表 2-6　全国各区域碳市场特点汇总

区域	北京	天津	上海	重庆	湖北	广东	深圳	福建
启动时间	2013	2013	2013	2014	2014	2013	2013	2016
覆盖范围（覆盖行业）	水泥 石化 服务业 其他工业 城市轨道交通 公共车客运	钢铁 化工 石化 石油开采 建材 造纸 航空	石化 化工 有色金属 建材 纺织 造纸 橡胶 化纤 钢铁 航空 港口 机场 铁路货及铁路站点 商业宾馆等建筑业（南方办公）	化工 热电联产 水泥 自备电厂 电解铝 平板玻璃 钢铁 冷—热—电三联产 民航 造纸 铝冶炼 其他有色金属冶炼及延压加工	钢铁 水泥 石化 化工 汽车 通用设备制造 有色金属和其他 金属制品及其他建材 玻璃 化纤 造纸 纺织业 医药 食品饮料 陶瓷	水泥 钢铁 石化 造纸 民航 陶瓷 纺织 数据中心	水务 制造业 建筑 交通	钢铁 化工 石化 有色金属 民航 建材 造纸 陶瓷
纳入标准	5000 吨以上二氧化碳	1 万吨二氧化碳	工业 2 万吨二氧化碳，非工业 1 万吨二氧化碳，水运 10 万吨二氧化碳	2.6 万吨二氧化碳当量	综合能耗 1 万吨标准煤及以上的工业企业	年排放 1 万吨二氧化碳（或年综合能源消费量 5000 吨标准煤）及以上的企业	工业企业 3000 吨碳排放量，公共建筑 2 万平方米，机关建筑 1 万平方米	2018 至 2021 年度任意一年综合能源消费总量达 5000 吨标准煤以上
配额分配	无偿分配	无偿分配	无偿分配	无偿分配	无偿分配	混合模式 钢铁、石化、水泥、造纸免费配额比例为 96%，航空企业免费配额比例为 100%，新建项目企业有偿配额比例为 6%	无偿分配	无偿分配
交易方式	公开交易 协议转让	公开交易 协议转让 拍卖交易	公开交易 协议转让	公开交易	公开交易 协议转让 远期拍卖	挂牌点价 挂牌竞价 协议转让 单向竞价	现货交易 电子拍卖 定价点选 大宗交易 协议转让	公开交易

学习子情境 2.2　配额分配

情境引例

　　新疆维吾尔自治区某电力企业，仅有一台 330MW 亚临界凝汽式发电机组，汽轮机冷却方式为开式循环，燃料为烟煤。省级部门按照《2021、2022 年度全国碳排放权交易配额总量设定与分配实施方案（发电行业）》发放初始配额 450 万吨。

　　那么，该企业是按照什么方法进行配额核算的？ 2021 和 2022 年的预分配配额总量应为多少万吨？

2.2.1　配额分配概述

知识准备

配额分配

一、配额分配概念

　　碳排放权交易体系建立以后，由于配额的稀缺性将形成市场价格，因此配额分配实质上是财产权利的分配，配额分配方式决定了企业参与碳排放权交易体系的成本。分配方法可能成为影响企业在确定产量、新的投资地点以及将碳成本转嫁给消费者的比例等问题上的决策的关键因素。基于上述原因，配额分配方法也会影响碳排放权交易体系的经济总成本。

（一）配额分配目标

　　配额分配是碳排放权交易体系设计与企业关系最密切的环节。在配额发放过程中，政策制定者需充分考虑以下目标的可实现程度。

　　1）增强参与者对碳排放权交易体系的适应性：碳排放交易体系在初期阶段需要参与者初步了解和适应。合理的配额分配方式应能够理顺参与者向碳排放权交易体系过渡所面临的诸多问题，增强参与者对体系的适应性。

　　2）规避碳泄漏或丧失竞争力的风险：制定配额分配政策应尽量规避由不良环境、经济、政治等因素造成的碳泄漏或丧失竞争力的风险。

　　3）增加收入：通过碳排放权交易体系拍卖配额筹措公共资金。

4）实现减排的激励性：配额分配应确保重点排放单位能够通过碳排放权交易体系价值链获得减排的有效激励。

（二）配额分配特点

1）配额分配方法会根据行业情况而定。从国内区域碳市场的实践经验来看，配额分配方法并不是固定不变的。一些行业可能在市场启动时使用历史排放法，但随着市场的成熟调整为基准法。

2）碳配额每年进行调整。每年或某一特定时间各地会根据应对气候变化目标、经济增长趋势、行业减排潜力、历史配额供需情况等因素，调整年度配额总量。如区域碳市场每年会对当地配额分配进行调整，而全国碳市场目前是每 2 年进行一次调整。

3）碳配额有偿分配是发展趋势。目前全国碳市场及各大部门区域碳市场采取无偿配额分配模式，但已着手准备与尝试进行有偿分配。如广东碳市场，从成立初期便试点进行有偿 / 无偿混合制配额分配；北京绿色交易所组织实施了北京市 2021 年度碳排放配额有偿竞价发放，成交总量 96 万吨；天津和湖北也相继发出配额拍卖的公告。

（三）配额分配制度设计的关键

1）配额分配过量会导致当地碳价过低、碳交易不活跃。
2）配额分配不足会导致企业参与碳市场成本过大，影响企业发展。
3）配额分配方案的制定应以促进企业积极采取措施提高设备生产效率、降低能源消耗等为目标效果。

二、主管部门与职责

国务院主管部门：生态环境部负责碳排放权交易市场的建设，并对其运行进行管理、监督和指导，适时公布碳排放权交易体系纳入的温室气体种类、行业和重点排放单位确定标准等。

省级主管部门：省生态环境厅对本行政区域内的碳排放权交易相关活动进行管理、监督和指导。

其他各有关部门：应按照各自职责，协同做好与碳排放权交易相关的管理工作。

主管部门结构层级示意如图 2-9 所示。

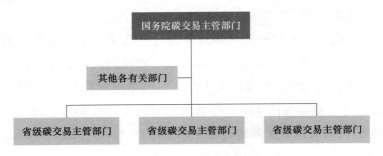

图 2-9 主管部门结构层级示意

小知识

全国碳排放权交易体系覆盖范围管理工作流程与配额分配管理流程如图2-10、图2-11所示。

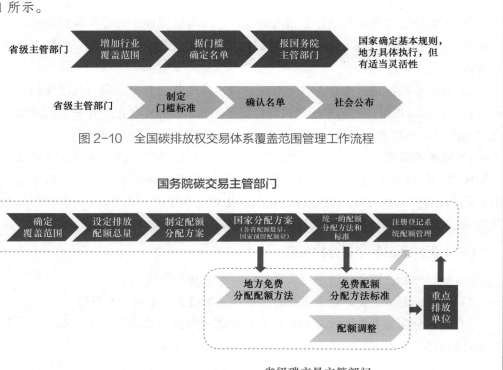

图2-10 全国碳排放权交易体系覆盖范围管理工作流程

图2-11 全国碳排放权交易体系配额分配管理流程

职业判断与业务操作

针对本情境引例，分析如下：

1）根据《2021、2022年度全国碳排放权交易配额总量设定与分配实施方案（发电行业）》规定，2021、2022年度重点排放单位拥有的发电机组相应的配额量实行免费分配，采用基准法核算机组配额量。

2）省级生态环境主管部门按照《2021、2022年度全国碳排放权交易配额总量设定与分配实施方案（发电行业）》规定的核算方法，审核确定该企业1台机组2021、2022年度预分配配额。2021、2022年度该企业收到的机组预配额量均为2021年经核查排放量的70%。因此，该企业获得的450万吨预分配配额是企业2021、2022年预分配配额总和的70%，那么这两年的预分配配额总量应为642.86万吨，2021和2022年度配额均为321.43万吨。

2.2.2　配额分配的类型及方法

知识准备

配额分配有两种基本分配方法，分别是免费分配（无偿分配）和有偿分配。碳排放权交易体系中，由主管部门对纳入体系的重点排放企业分配碳排放配额，可以采取免费分配或有偿分配任意一种或两种混合制形式。其中，免费分配方法包括基准线法、历史强度法和历史排放法，有偿分配可以采用拍卖或者固定价格出售方式。配额分配的类型及方法如图 2-12 所示。

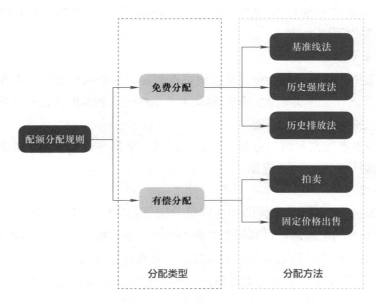

图 2-12　配额分配的类型及方法

一、免费分配（无偿分配）

免费分配是现阶段全国碳市场和大部分区域碳市场采用的配额分配方式。政府主管部门根据基准线法、历史强度法和历史排放法三种不同方式针对不同行业进行配额核算并发放。

（1）基准线法

基准线法又称为标杆法，指基于行业碳排放强度基准值分配配额。行业碳排放强度基准值一般是根据行业内纳入企业的历史碳排放强度水平、技术水平、减排潜力以及与该行业有关的产业政策、能耗目标等综合确定。基准线法对历史数据质量的要求较高，一般根据重点排放单位的实物产出量（活动水平）、所属行业基准、年度减排系数和调整系数四个要素计算重点排放单位配额。基准线法根据产品的排放基准和企业自身产量确定工序的碳配额量，适用于产品同质性高、技术水平差异较小的行业。在"一产品一基准值"原则下，先进企业能获得相对富裕的碳配额，多余的配额通过碳市场交易，可以给企业带来额外的收入，促进企业自主进行节能减排技术改造。

基准线法的优势：

1）使用基准线法可以提高主管部门制定控制温室气体排放政策效率。与历史排放法相比，在使用基准线法分配配额时，主管部门可以通过调节基准值精准、快速制定控制温室气体排放政策。

2）基准线法更能体现钢铁行业配额分配方案的公平性。使用历史排放法、历史强度法分配的碳配额量时，会出现先进企业少发配额，落后企业多发配额的现象，不利于激励先进企业进行节能减排技术的研发创新，甚至影响碳市场运行效率。基准值可以代表行业的平均生产水平，先进企业通过基准线法分配的配额相对较多，落后企业分配的配额相对较少，更加符合公平性原则。

基准线法的缺点：

1）对于工艺和产品复杂的行业，基准值很难划定。如钢铁行业不同企业之间的生产规模、产品质量、生产工艺差异较大，按照钢铁生产工序制定的基准值仍有优化的空间，数据量不足会导致制定的基准值出现偏颇。

2）同行业中生产工艺不同的企业，无法使用同一个基准值衡量同一工序，容易导致同一行业中企业配额分配不公平的现象。

（2）历史强度法

历史强度法是指根据排放单位的产品产量、历史强度值、减排系数等分配配额的一种方法。市场主体获得的配额总量以其历史数据为基础，根据排放单位的实物产出量（活动水平）、历史强度值、年度减排系数和调整系数四个要素计算重点排放单位配额的方法。

历史强度法介于基准线法和历史排放法之间，是在碳市场建设初期行业和产品标杆数据缺乏的情况下确定碳配额的过渡性方法。历史强度法同时兼顾企业的二氧化碳历史排放数据以及当年实际产量分配的碳额数量。历史强度法考虑了产量变化对企业碳排放总量的影响，但仍存在先进企业分配配额量相对较少的情况发生。

（3）历史排放法

历史排放法也称为"祖父法"，是不考虑排放对象的产品产量，只根据历史排放值分配配额的一种方法，以纳入配额管理的对象在过去一定年度（一般为3年）的碳排放数据为主要依据，确定其未来年度碳排放配额。

历史排放法通过历史排放数据确定工序的碳配额量，适用于生产工艺复杂的工序。但历史排放法没有考虑到产量变化的情况，在产品产量相对稳定的情况下，历史排放法分配的结果更接近企业所需。但是在产量不稳定的企业中使用历史排放法计算免费配额时，不同的基准年计算得到的配额差异较大，而且在相同的碳排放量核算方法下，存在先进企业分配配额量少于落后企业的情况。

全国及区域碳市场配额分配方法见表 2-7。我国碳市场配额分配方法见表 2-8。

表 2-7　全国及区域碳市场配额分配方法

全国及区域		全国	北京	上海	深圳	广东	天津	湖北	重庆	福建
排放方法	基准线法	✓	✓	✓	✓			✓		✓
	历史强度法		✓	✓	✓	✓	✓	✓	✓	
	历史排放法		✓			✓	✓	✓		

表 2-8　我国碳市场配额分配方法

碳市场	配额分配方法
全国	行业基准线法
北京	基准线法：火力发电行业（热电联产）、水泥制造业、热力生产和供应行业、其他电力供应行业、数据中心重点单位 历史排放法：石化、其他服务业（数据中心重点单位除外）、其他行业（水的生产和供应除外） 历史强度法：其他行业中水的生产和供应 组合方法：交通运输行业（历史排放法和历史强度法）
上海	基准线法：发电企业、电网企业、供热企业 历史强度法：工业企业、航空港口及水运企业、自来水生产企业 历史排放法：对商场、宾馆、商务办公、机场等建筑，以及产品复杂、近几年边界变化大、难以采用行业基准线法或历史强度法的工业企业
深圳	基准线法：供水行业、供电行业、供气行业 历史强度法：公交行业、地铁行业、港口码头行业、危险废物处理行业、污水处理行业、平板显示行业、制造业及其他行业
广东	基准线法：水泥行业的熟料生产和水泥粉磨，钢铁行业的炼焦、石灰烧制、球团、烧结、炼铁、炼钢工序，普通造纸和纸制品生产企业，全面服务航空企业 历史强度法：水泥行业其他粉磨产品、钢铁行业的钢压延与加工工序、外购化石燃料掺烧发电、石化行业煤制氢装置、特殊造纸和纸制品生产企业、有纸浆制造的企业、其他航空企业 历史排放法：水泥行业的矿山开采、石化行业企业（煤制氢装置除外）
湖北	历史强度法：热力生产和供应、造纸、玻璃及其他建材（不含自产熟料型水泥、陶瓷行业）行业、水的生产和供应行业、设备制造（企业生产两种以上的产品、产量计量不同质、无法区分产品排放边界等情况除外） 标杆法：水泥（外购熟料型水泥企业除外） 历史排放法：其他行业
天津	历史强度法：建材行业 历史排放法：钢铁、化工、石化、油气开采、航空、有色金属、矿山、食品饮料、医药制造、农副食品加工、机械设备制造、电子设备制造行业企业
重庆	行业基准线法、历史强度下降法、历史总量下降法
福建	基准线法：电力（电网）、建材（水泥和平板玻璃）、有色金属（电解铝）、化工（以二氧化硅为主营产品）、民航（航空）行业企业 历史强度法：有色金属（铜冶炼）、钢铁、化工（除主营产品为二氧化硅外）、石化（原油加工和乙烯）、造纸（制造纸浆、机制纸和纸板）、民航（机场）、陶瓷（建筑陶瓷、园林陶瓷、日用陶瓷和卫生陶瓷）行业企业

二、有偿分配

（1）拍卖

碳配额拍卖是指政府主管部门通过公开或者密封竞价的方式将碳排放配额分配给出价最高的买方。碳配额拍卖是一种同质拍卖，即竞拍者对同一种商品（配额）在不同的价格水平上提出购买意愿，最终以某种机制确定成交价格。配额拍卖的来源主要是除免费配额之外的部分以及储备配额。

政策制定者通过一种不容易导致市场扭曲的方法，并为公共收入提供新增长点。拍卖是一种简单方便且行之有效的方式，能够使配额价高者得。拍卖方式不仅提供了灵活性，对消费者或社区的不利影响进行补偿，同时也奖励了先期减排行动者。然而，拍卖对防范碳泄漏效果甚微，且无法补偿因搁浅资产而导致的损失。

（2）固定价格出售

政府主管部门综合考虑温室气体排放活动的外部成本、温室气体减排的平均成本、行业企业的减排潜力、温室气体减排目标、经济和社会发展规划以及碳排放权交易的行政成本等因素，制定碳排放配额的价格并公开出售给纳入碳体系的控排主体。

相关阅读

国际现行主要碳排放权交易体系配额分配方法见表 2-9。

表 2-9　国际现行主要碳排放权交易体系配额分配方法

碳排放权交易体系	配额分配方法
欧盟排放交易体系（EU-ETS）	第一阶段和第二阶段：各成员国通过《国家分配方案》负责分配排放配额。 第二阶段预留 3% 的配额拍卖（最大允许 10%），一般为新进入者预留配额 5.4%，工厂关闭时必须交回配额。 第三阶段：电力行业全部拍卖（小部分例外），其他配额根据行业基准集中免费分配到其他行业。能源密集型、易受贸易影响的行业将会得到基于行业基准 100% 的配额，其他部门将会得到 80% 的免费配额，这一比例从 2020 年逐渐降低至 30%，2027 年降至 0，新进入者接受同样的分配方法，工厂关闭意味着将结束免费分配
美国区域温室气体减排行动（RGGI）	100% 拍卖。超过 90% 的收益用于支持客户的利益、能源高效利用以及可再生能源的开发、使用
新西兰	在过渡期配额固定价格为 25 新元，初试配额为免费分配，且在过渡期不实施拍卖。基于排放强度，设置了基于基准值 60% 和 90% 的两档免费配额额度
日本东京都总量限制交易体系	免费配额的分配基于 3 年平均排放水平
美国加州碳市场（California Cap & Trade）	由多数的免费配额开始，随着时间的推移逐步减少

2.2.3　配额分配的核算

知识准备

一、配额总量核算

配额和需履约的二氧化碳排放量是相互对应的，两者的边界一致，即针对这一边界内的排放设施发放配额。履约时也是上缴这一边界内排放量的配额量。企业的配额总量是在其对应的排放量的核算边界内，按照生产不同产品的不同设施各自对应的配额量，再汇总得到整个重点排放单位履约年度内的配额量。具体公式如下：

$$A = \sum_{i=1}^{N} (A_{x,i})$$

式中　A——企业二氧化碳配额总量，单位：tCO_2；

　　　$A_{x,i}$——设施生产一种产品二氧化碳配额量，单位：tCO_2；

　　　x——生产产品种类；

　　　N——设施总数。

全国碳市场热电联产企业配额总量如图 2-13 所示。

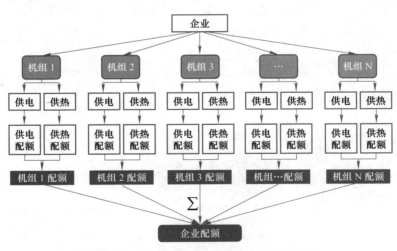

图 2-13　全国碳市场热电联产企业配额总量

二、配额核算

（一）基准线法

基准线法是根据重点排放单位的实物产出量（活动水平）、所属行业基准和调整系数三个要素计算重点排放单位配额的方法。具体核算方法如下：

$$企业配额 = 产量 \times 基准值 \times 年度下降系数$$

基准值的设定是以历史核查报告数据为基础，对排放数据进行分析、汇总，按照国际通用的碳排放基准值计算方法，计算各行业的碳排放强度基准值。

$$碳排放强度 = \frac{样本当年排放量}{样本当年总产量}$$

全国碳市场发电行业 2021、2022 年度机组配额核算公式如下：

$$机组配额量 = 供电基准值 \times 机组供电量 \times 修正系数 + 供热基准值 \times 机组供热量$$

其中：

（1）基准值

2021 年度供电基准值和供热基准值是以当年供电、供热平衡值为依据，按照配额富余和短缺量总体平衡、不额外增加行业负担、鼓励先进、惩罚落后的原则，综合考虑鼓励民生供热、参与电力调峰和提高能效等因素确定。2022 年度供电基准值和供热基准值是在 2021 年基准值的基础上，对标碳达峰、碳中和目标，基于近年来火电行业供电、供热能耗强度和碳排放强度年均下降率设定。

（2）修正系数

综合考虑冷却方式、供热量、机组参与电力调峰造成的低负荷等因素对碳排放强度的影响，配额分配过程中采用冷却方式修正系数、供热量修正系数、负荷（出力）修正系数，以鼓励机组更大范围供热、参与电力调峰。

小知识

全国碳市场发电行业基准值设定流程如图 2-14 所示。

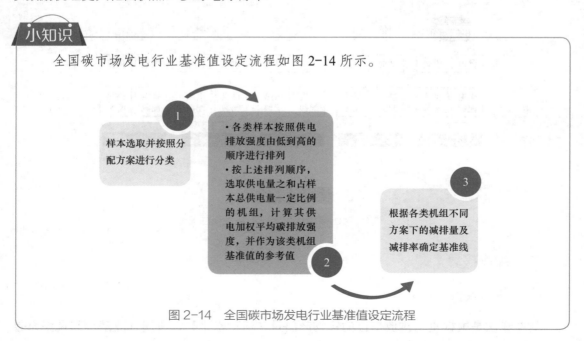

图 2-14　全国碳市场发电行业基准值设定流程

（二）历史强度法

基于某一家企业的历史生产数据和碳排放强度，计算其单位产品的排放情况，并以此为基数逐年下降。具体核算方法如下：

企业配额 = 产量 × 历史平均碳排放强度 × 年度下降系数

（三）历史排放法

基于某一家企业的历史碳排放量，并以此为基数逐年下降。具体核算方法如下：

企业配额 = 历史平均碳排放量 × 年度下降系数

试点碳市场其他行业
配额分配方法（一）

试点碳市场其他行业
配额分配方法（二）

典型任务举例

配额核算——以水泥企业为例

广东省 A 水泥企业 2014 年投产，拥有一条 2500t/d 熟料生产线，每年产能 65 万吨熟料，2022 年实际生产熟料 80 万吨，水泥 95 万吨，水泥熟料基准值见表 2-10；矿山开采碳排放 2019、2020、2021 年分别为 20 万吨、19 万吨、18.6 万吨；2022 年其他粉磨产品量为 14 万吨，2019、2020、2021 年碳排放强度分别 0.031、0.026、0.028 吨二氧化碳 / 吨粉磨产品。

表 2-10　水泥熟料基准值

熟料生产线类别	基准值（吨二氧化碳 / 吨）
4000t/d（含）以上普通熟料生产线	0.884
2000t/d（含）—4000t/d 普通熟料生产线	0.909
2000t/d 以下普通水泥生产线	0.950
白水泥熟料生产线	1.108

水泥粉磨基准值：0.023 吨二氧化碳 / 吨水泥

年度下降系数：1

问：A 水泥企业 2022 年度配额总量应为多少吨？

【答案】926837 吨

【解析】A 水泥企业属于广东省重点排放企业，应根据《广东省 2022 年度碳排放配额分配方案》相关要求进行核算。A 水泥企业配额核定工作流程如图 2-15 所示。

①熟料配额——基准线法

熟料配额 = 650000 × 1.2 × 0.909 = 709020 吨

*注：产量取值上限为各熟料生产线年产能的 1.2 倍

②水泥粉磨配额——基准线法

水泥粉磨配额 = 950000 × 0.023 = 21850 吨

③矿山开采配额——历史排放法

矿山开采配额 =（200000 + 190000 + 186000）÷ 3 × 1 = 192000 吨

④其他粉磨配额——历史强度下降法

其他粉磨配额 =（0.031 + 0.026 + 0.028）÷ 3 × 140000 × 1 ≈ 3967 吨

⑤A 水泥企业配额总量为①②③④之和，即 926837 吨。

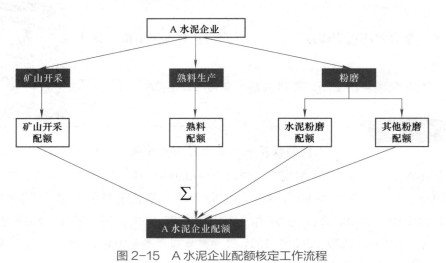

图 2-15　A 水泥企业配额核定工作流程

职业判断与业务操作

配额核定工作流程如图 2-16 所示。

第一步：国家主管部门制定配额分配方法。

第二步：国家主管部门确定各纳入行业的配额分配具体方法、公式及参数、分配程序及其他具体要求，出台配额分配技术指南。

第三步：省级主管部门依照配额分配技术指南的要求，基于与配额分配年度最接近的历史年份的主营产品（服务）产量等数据，初步核算所辖区域内纳入企业的免费配额发放数量。经国家主管部门批准后，省级主管部门在注册登记系统中作为预分配的配额数量进行登记。

第四步：省级主管部门依照配额分配技术指南的要求，在年度碳排放核查后，根据最终确定的配额分配年度的主营产品（服务）产量、新增设施排放量等数据，核算辖区内纳入企业的最终配额数量，多退少补。经国家主管部门批准后，在注册登记系统中作为最终配额数量进行登记。

图 2-16　配额核定工作流程

实务模板 2-1　机组预分配配额明细表

附件

××省（区、市）××××年度机组预分配配额明细表

（单位：tCO$_2$）

序号	重点排放单位名称	统一社会信用代码	机组编号	2021 年度经核查排放量	预分配配额量	需要特殊说明的事项
1						
2						
3						
…						

注：
1. 2021、2022 年配额分年度管理，需分年度提交数据表；
2. 预分配配额量采用向下取整；
3. 本表需加盖省级生态环境主管部门公章。

实务模板2-2　第一个履约周期配额调整汇总表

附件

××省（区、市）第一个履约周期配额调整汇总表

（单位：tCO$_2$）

序号	重点排放单位名称	统一社会信用代码	第一个履约周期未足额清缴履约情况			第一个履约周期配额调整情况					第一个履约周期其他情形调整配额量	第一个履约周期配额总调整量	需要特殊说明的事项
			应清缴配额量	已清缴配额量	未足额清缴配额量	原核定的应发放配额量	原核定的应清缴配额量	第一个履约周期监督执法核算结果调整情况					
								重新核算后的应发放配额量	重新核算后的应清缴配额量	监督执法核算结果调整量			
1													
2													
…													
全省（区、市）合计													

注：

1. 未足额清缴配额量＝应清缴配额量－已清缴配额量；
2. 监督执法核算结果调整量＝（重新核算后的应清缴配额量－原核定的应清缴配额量）－（重新核算后的应发放配额量－原核定的应发放配额量）；
3. 如存在其他情形要调整第一个履约周期配额的，需通过正式文件向我省应对气候变化部门报送证明材料，并抄送注册登记机构；
4. 第一个履约周期配额总调整量＝未足额清缴配额量＋监督执法核算结果调整量＋第一个履约周期其他情形调整配额量；
5. 本表需加盖省级生态环境主管部门公章。

实务模板 2-3 重点排放单位预分配配额实际发放汇总表

附件

××省（区、市）××××年度重点排放单位预分配配额实际发放汇总表

（单位：tCO₂）

序号	重点排放单位名称	统一社会信用代码	预分配配额量	第一个履约周期末足额清缴配额量（核减量）	第一个履约周期监督执法核算结果调整量（核减量）	第一个履约周期其他情形的调整配额（核减量）	第一个履约周期配额总调整量（核减量）	第一个履约周期末足额清缴配额量（剩余量）	第一个履约周期监督执法核算结果调整量（剩余量）	第一个履约周期其他情形的调整配额量（剩余量）	第一个履约周期配额总调整量（剩余量）	实发预分配配额量	需要特殊说明的事项
1													
2													
…													
全省（区、市）合计													

注：
1. 2021、2022年配额分年度管理，需分年度提交数据表；
2. 实发预分配配额量＝预分配配额量－第一个履约周期核减的配额量；
3. 表中的"核减量"表示各情形在当前环节节省的配额量；
4. 表中的"剩余量"表示各情形在后续环节应继续核减的配额量，各情形剩余量为0时表示重点排放单位已完成配额调整工作或不需要进行配额核减；
5. 各情形核减优先级为：第一个履约周期末按时足额清缴配额量＞第一个履约周期监督执法核算结果调整量＞第一个履约周期其他情形的调整配额量。

实务模板2-4 机组核定配额明细表

附件

××省（区、市）××××年度机组核定配额明细表

基本信息								机组边界数据							机组配额数据										备注
序号	重点排放单位名称	统一社会信用代码	机组编号	是否合并机组	主体燃料类别	产品类别	机组类型	装机容量（MWh）	供电量（MWh）	供热量（GJ）	供热比（%）	冷却方式	负荷（出力）系数（%）	经核查排放量（tCO$_2$）	供热量修正系数	冷却方式修正系数	负荷（出力）系数修正系数	供电配额量（tCO$_2$）	供热配额量（tCO$_2$）	核定配额量（tCO$_2$）	燃气豁免修正量（tCO$_2$）	缺口率上限修正量（tCO$_2$）	应发放配额（tCO$_2$）	应清缴配额（tCO$_2$）	需要特殊说明的事项
1																									
2																									
3																									
…																									

注：

1. 2021、2022年配额分年度管理，需分年度提交数据表；
2. 燃气豁免修正量，是根据燃气机组豁免政策计算得出的给燃气机组增发的配额量；
3. 机组层面缺口率上限修正量为企业层面缺口率上限修正量按照机组排放量权重分摊至各机组；
4. 供热量修正系数和负荷（出力）系数修正系数采用四舍五入保留6位小数，机组的供电配额量、供热配额量、核定配额量、燃气豁免修正量、缺口率上限修正量、机组应发放配额量采用向下取整；
5. 应清缴配额量＝经核查排放量。

实务模板2-5　重点排放单位核定配额实际发放汇总表

附件

××× 省（区、市）×××× 年度重点排放单位核定配额实际发放汇总表

（单位：tCO₂）

序号	重点排放单位名称	统一社会信用代码	预分配配额量	应发放配额量	多退少补量	第一个履约周期未足额缴配额清额量（核减量）	第一个履约周期监督执法核算结果调整量（核减量）	第一个履约周期其他情形的调整配额额量（核减量）	第一个履约周期配额总调整量（核减量）	第一个履约周期未足额缴配额量（剩余量）	第一个履约周期监督执法核算结果调整量（剩余量）	第一个履约周期其他情形的调整配额量（剩余量）	第一个履约周期配额总调整量（剩余量）	应缴清配额量	配额缺口率/%	可预支最大配额量	预支配额量	实发配额量	需要特殊说明的事项
1																			
2																			
…																			
全省（区、市）合计																			

注：
1. 2021、2022 年配额分年度管理，需分年度提交数据表。
2. 表中的"核减量"表示各情形在当前环节核减的配额量；
3. 表中的"剩余量"表示各情形在后续环节应继续环节核减的配额量，各情形剩余量为 0 时表示重点排放单位已完成配额调整工作或不需要进行配额核减；
4. 重点排放单位应发放配额为机组应发放配额量合计。

实务模板 2-6 全国碳市场重点排放单位碳排放配额清缴完成和处理情况汇总表

附件

×× 省（区、市）×××× 年度全国碳市场重点排放单位
碳排放配额清缴完成和处理情况汇总表

序号	重点排放单位名称	是否按时完成履约	是否超时完成履约	是否未完成履约	未按时完成履约的是否已作出处罚	备注
1						
2						
...						

注：2021、2022 年配额分年度管理，需分年度提交汇总表。

学习情境小结

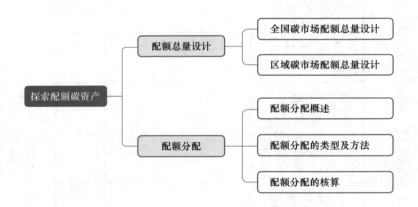

学习情境 3

认知碳资产的履约与抵消

 职业能力目标

- 了解履约概念
- 了解履约流程
- 了解违约相关处罚
- 了解抵消的概念和意义
- 能够描述企业碳抵消原则和要求
- 能够说出企业碳抵消的目标
- 能自主学习企业履约和抵消相关知识与技能

 工作任务与学习子情境

工作任务	学习子情境
了解履约方式、管理方式	履约机制
熟悉履约流程和违约处罚	
了解抵消机制的意义	抵消机制
熟悉抵消策略	

学习子情境 3.1 履约机制

情境引例

　　发电企业 A 为我国重点排放单位，2022 年该企业在清算资产过程中，对所有资产进行评估。其中，企业 A 持有配额 300 万吨（60 元 / 吨），中国核证减排量（CCER）10 万吨（15 元 / 吨）。经核查 A 企业 2021 年度排放量为 290 万吨。

　　那么，发电企业 A 如何做到最低成本履约？

3.1.1 履约方式

知识准备

一、概念

　　履约是基于第三方审核机构对重点排放企业进行审核，将其实际二氧化碳排放量与所获得的配额进行比较，并按照主管部门要求提交不少于其上年度经确认排放量的排放配额或抵消量。履约是碳排放权交易履约周期的最后一个环节，也是碳市场公信力和约束力的体现。

　　履约期是指从配额分配到重点排放单位向主管部门上缴配额的时间，一般为一年或几年。长履约期规定，可以使体系参与者在履约期内根据不同年份的实际排放情况与配额拥有情况调整配额使用方案，减少短期配额价格波动，降低减排成本。短履约期规定，可以在短期内明确减排结果，有利于降低系统总量目标不合理、宏观经济影响等因素导致市场失效的风险。履约期的长短，需要综合考虑碳排放权交易体系覆盖区域的实际排放情况，科学制定。

小知识

履约意义如图 3-1 所示。

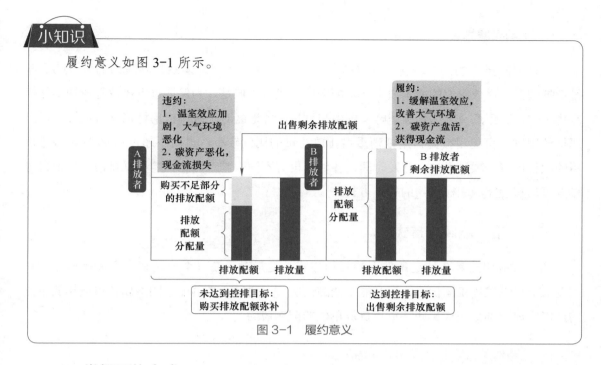

图 3-1　履约意义

二、常规履约方式

（一）自主减排

企业通过技术改造降低生产设备的排放水平。以燃煤发电为例，煤电的二氧化碳排放主要来源于锅炉燃煤，通过技术改造可降低二氧化碳排放水平，提升设备生产效率，增加电厂的产量和收益。通过自主减排措施，在降低企业温室气体排放的同时，还有助于促进自身节能增效。

国务院 2022 年 1 月 24 日发布《关于印发"十四五"节能减排综合工作方案的通知》，鼓励各地区、部门、组织大力推动节能减排，深入打好污染防治攻坚战，加快建立绿色低碳循环发展经济体系，推进经济社会发展全面绿色转型，助力实现碳达峰、碳中和目标。

然而，自主减排会受到社会经济发展水平和技术水平的限制。技术改造在一定程度上降低二氧化碳排放水平后，需要再进行技术升级才能够继续降碳。若技改成本远大于获得收益，企业的技改积极性将大大削弱甚至拒绝进行技术改造。

（二）购买配额

企业通过碳排放权交易市场购买其他重点排放企业持有的配额，增加自身配额量，满足排放需求。通过碳市场购买配额，从短期来看，能够降低重点排放企业履约成本，从长期发展来看，购买配额满足排放需求则是成本最高的。在不计较成本和市场待售配额量充足的情况下，重点排放单位可以完全通过购买配额达到完成履约的目的。

（三）购买减排量（减排信用）

从自愿减排市场购买减排量（减排信用）抵消碳排放交易体系强制履约的量。购买减排量抵消自身排放履约的成本通常低于配额履约成本。但是，为保证重点排放行业切实做好减排工作，真正意义上达到碳达峰、碳中和目标，各地区对于减排信用抵消碳排放履约都有严格的限制。可使用减排信用抵消量占排放总量的比例较小，最高不超过 10% 且对减排信用的项目地点、项目类型、开发时间，各地区也有不同限制。因此，购买减排信用抵消自身排放可理解为完成配额履约的补充方式。

三、调度产能履约方式

调度产能履约是在特定条件下的履约方式，是指对于在一个地区有多家控排单位的集团企业，可以发挥集团优势，在产能不变的情况下，通过适当调度集团下属各重点排放单位的产能完成或部分完成集团下重点排放单位的配额履约。

四、履约豁免机制及灵活机制

为进一步发挥市场机制对控制温室气体排放、降低全社会减排成本的重要作用，《2021、2022 年度全国碳排放权交易配额总量设定与分配实施方案（发电行业）》中增加履约豁免机制及灵活机制。

（一）燃气机组豁免

当燃气机组年度经核查排放量大于当年核定的配额量时，应发放配额量等于其经核查排放量。当燃气机组年度经核查排放量小于核定的配额量时，应发放配额量等于核定的配额量。

（二）重点排放单位超过履约缺口率上限豁免

应清缴配额量与应发放配额量之间的差值与应清缴配额量的比值上限为 20%。当重点排放单位核定的年度配额量小于经核查排放量的 80% 时，其应发放配额量等于年度经核查排放量的 80%；当大于等于 80% 时，其应发放配额量等于核定配额量。即 2021、2022 年配额履约缺口不超过其经核查排放量的 20%。

（三）2023 年度配额预支

对配额缺口率在 10% 及以上的重点排放单位，确因经营困难无法完成履约的，可从 2023 年度预分配配额中预支部分配额完成履约，预支量不超过配额缺口量的 50%。

相关阅读

全国碳市场第一履约周期概况

"十四五"时期，我国生态文明建设进入了以降碳为重点战略方向、推动减污降碳协同增效、促进经济社会发展全面绿色转型、实现生态环境质量改善由量变到质变的关键时期，也是碳达峰的关键期、窗口期。目前我国尚处在工业化、城镇化进程中，产业结构偏重、能源结构偏煤、达峰时间偏紧，要通过主动调整产业结构、能源结构，才能实现 2030 年前达峰目标。相比传统的行政手段推动碳减排，碳市场通过配额管理制度，充分发挥市场配置资源的作用，将温室气体控排责任压实到企业，推动企业加强排放管理，并利用市场机制发现合理碳价，为企业碳减排提供灵活选择。

2018 年以来，生态环境部按照党中央、国务院的部署，坚持将全国碳市场作为控制温室气体排放政策工具的基本定位，扎实推进全国碳市场制度体系、基础设施、数据管理和能力建设等方面各项工作。2021 年 7 月 16 日，全国市场完成第一笔线上交易，这代表着我国碳市场正式成为全球最大的碳市场。

2021 年 12 月 31 日，全国碳市场完成第一个周期（2019—2020 年度）碳排放履约。以发电行业为首个重点行业，采用以强度控制为基本思路的行业基准法实施配额分配，适应我国 2030 年前实现碳达峰的阶段目标要求。

全国碳市场第一个履约周期共运行 114 个交易日，重点排放单位共 2162 家，碳排放配额累计成交量 1.79 亿吨，累计成交额 76.61 亿元，成交均价 42.85 元/吨，每日收盘价 40—60 元/吨，价格总体稳中有升。第一个履约周期在发电行业重点排放单位间开展碳排放配额现货交易，共有 847 家重点排放单位存在配额缺口，缺口总量约为 1.88 亿吨。第一个履约周期重点排放单位累计使用国家核证自愿减排量（CCER）约 3273 万吨进行履约抵消。截至 2021 年 12 月 31 日，全国共 1833 家重点排放单位按时足额完成配额清缴，178 家重点排放单位部分完成配额清缴，总体履约率 99.5%。

全国碳市场 2022 年碳价走势如图 3-2 所示。

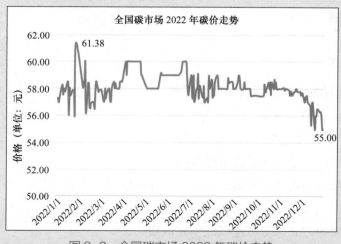

图 3-2　全国碳市场 2022 年碳价走势

3.1.2 管理方式

知识准备

国家碳市场履约实行分级管理。国家主管部门（国务院生态环境部）负责碳排放权交易市场的建设，并对其运行进行监管和指导。省级主管部门（省级生态环境厅）对本行政区域内的碳交易相关活动进行监管和指导。省级生态环境厅在国家政策框架下负责对本行政区域重点排放单位名单的确定、配额分配方案的制定、重点排放单位免费配额和有偿配额的分配、碳排放报告的核查、重点排放单位的配额清缴以及行政管辖区域内碳交易情况管理等碳交易相关活动的具体执行和管理。全国碳排放权交易履约管理流程如图 3-3 所示。

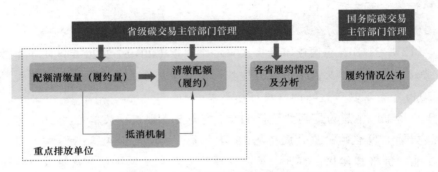

图 3-3　全国碳排放权交易履约管理流程

3.1.3 履约流程

知识准备

全国碳市场
履约机制

一、履约要求

重点排放单位履约主要包括以下几点要求：

1）按照主管部门规定制定监测计划，如有生产工艺改变需及时变更监测计划，监测计划必须与实际生产相一致；

2）按照主管部门规定时间提交碳排放报告；

3）按照主管部门规定时间和要求接受第三方机构的碳排放核查；

4）在履约期内完成配额清缴工作；

5）选择最优履约方式，尽可能低成本完成履约。

履约周期关键节点如图 3-4 所示。

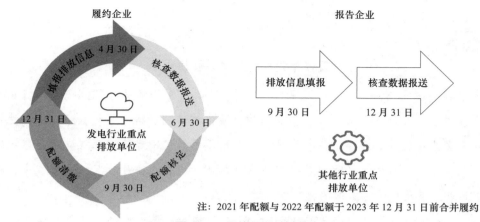

注：2021 年配额与 2022 年配额于 2023 年 12 月 31 日前合并履约

图 3-4 履约周期关键节点

二、配额清缴

配额清缴是指清理应缴未缴配额的过程。重点排放单位应在规定时间内向所在地省级生态环境主管部门提交与其上年度核定的温室气体排放量相等的配额，以完成其配额清缴义务。各省级生态环境主管部门负责行政管辖区域内重点排放单位的配额清缴工作，责令未按时清缴的重点排放单位履行配额清缴义务，逾期仍未清缴的，给予行政处罚。省级生态环境主管部门每年履约期结束后对其行政区域内重点排放单位上年度配额清缴工作进行总结分析，并将配额履约清缴情况上报国务院生态环境主管部门。国务院生态环境主管部门负责向社会公布上年度所有重点排放单位的配额清缴情况。

全国碳市场第二履约期情况

履约流程如图 3-5 所示。

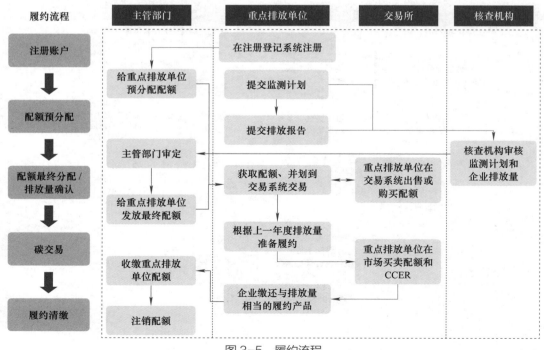

图 3-5 履约流程

欧盟碳排放权交易体系履约程序

欧盟碳排放权交易体系（EU-ETS）的核心交易原则是总量控制交易（Cap and Trade）。欧盟要求所有 EU-ETS 中受管制的排放设施遵守严格的履约程序。所有受管制的排放设施必须在申请获得温室气体排放许可证后才能从事经营活动。许可证需明确排放源设施的经营者名称、经营地点、设施的具体活动内容、排放状况、监测方法、频率和报告要求，以及每年应上缴的排放配额等。

EU-ETS 内的企业必须在 3 月 31 日之前确认排放数据，逾期账户会被冻结，无法进行交易活动。每年 4 月 30 日前，EU-ETS 内的企业需上缴与其经核查的前一年实际排放量相等的欧盟碳排放权交易体系配额（EUA），上交后企业账户内的 EUA 即刻被注销，不得再次使用。EU-ETS 前三阶段（2005—2020 年），如果实际排放量高于被分配的 EUA 量，企业需从市场获取 EUA 或使用《京都议定书》下联合履约机制（JI）或清洁发展机制（CDM）产生的减排量来抵消其超额排放量。EU-ETS 第四阶段（2021—2030 年）要求每年配额总量减少 2.2%，且不能再使用碳信用（即 JI 和 CDM 减排量）抵消。

EU-ETS 履约流程如图 3-6 所示。

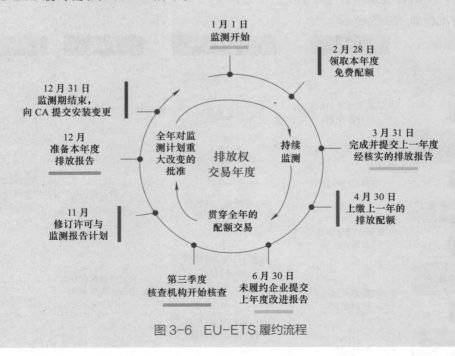

图 3-6　EU-ETS 履约流程

3.1.4 违约处罚

违约处罚机制是对逾期或不足额清缴的重点排放单位依法依规予以处罚。《碳排放权交易管理暂行条例》中第二十一条、第二十二条、第二十四条分别对重点排放单位违约作出处罚规定。全国碳市场及区域碳市场违约处罚机制详见表3-1。

表 3-1　全国碳市场及区域碳市场违约处罚机制

碳市场	立法形式	直接处罚措施	其他约束机制
全国	《碳排放权交易管理暂行条例》	根据重点排放单位不同情形，进行现金处罚；拒不改正的，可以责令停产整治	违反本条例规定，给他人造成损害的，依法承担民事责任；构成违反治安管理行为的，依法给予治安管理处罚；构成犯罪的，依法追究刑事责任
北京	地方人大立法《关于北京市在严格控制碳排放总量前提下开展碳交易试点工作的决定》；地方政府规章《北京市碳排放权交易管理办法（试行）》	根据超额排放的程度，对超额碳排放量按照市场均价的 3～5 倍予以处罚	暂无
上海	地方政府规章《上海市碳排放管理试行办法》	责令履行配额清缴义务，并处 5 万元～10 万元的罚款	纳入信用记录并曝光，通知金融系统征信信息管理机构；取消两年内节能减排专项资金支持资格，以及三年内参与市节能减排先进集体和个人评比的资格；不予受理下一年度新建固定资产投资项目节能评估报告表或者节能评估报告书
深圳	地方人大立法《深圳经济特区碳排放管理若干规定》；地方政府规章《深圳市碳排放权交易管理暂行办法》	由政府主管部门从登记账户中强制扣除与超额排放量相等的配额，不足部分从下一年度扣除，并处超额排放量乘以履约当月之前连续六个月配额平均价格 3 倍的罚款	纳入信用记录并曝光，通知金融系统征信信息管理机构；取消财政资助；通报国资监管机构，纳入国有企业绩效考核评价体系
广东	地方政府规章《广东省碳排放管理试行办法》	责令改正，在下一年度配额中扣除未足额清缴部分 2 倍配额，并处 5 万元罚款	计入该企业的信用信息记录，并向社会公布
湖北	地方政府规章《湖北省碳排放权管理和交易暂行办法》	对差额部分按照当年度碳排放配额市场均价予以 1～3 倍但最高不超过 15 万元的罚款，并在下一年度分配的配额中予以双倍扣除	建立碳排放履约黑名单制度，将未履约企业纳入相关信用信息记录；通报国资监管机构，纳入国有企业绩效考核评价体系。不得受理未履约企业的国家和省节能减排的项目申报，不得通过该企业新建项目的节能审查
天津	地方政府规章《天津市碳排放权交易管理暂行办法》	责令整改、刑事责任	3 年内不得享受纳入企业的融资支持和财政支持优惠政策
重庆	地方政府规章《重庆市碳排放权交易管理暂行办法》	按照清缴期届满前一个月配额平均交易价格的 3 倍予以处罚	3 年内不得享受节能环保以及应对气候变化等方面的财政补助资金；将违规行为纳入国有企业领导班子绩效考核评价体系；3 年内不得参与各级政府及有关部门组织的节能环保及应对气候变化等方面的评先评优活动
福建	地方政府规章《福建省碳排放权交易管理暂行办法》	责令其履行清缴义务；拒不履行清缴义务的，在下一年度配额中扣除未额清缴部分 2 倍配额，并处以清缴截止日前一年配额市场均价 1～3 倍的罚款，但罚款金额不超过 3 万元	计入碳排放权交易市场信用信息并曝光；限制新增项目审批、核准；增加检查频次；减少扶持力度，纳入税收、银行等征信系统管理；限制或取消发改等部门组织的各类认定认证和荣誉评选资格

典型案例

未及时履约

2014 年 7 月 3 日，百盛、微软（中国）等 5 家单位因没有及时完成 2013 年碳排放配额的清算，受到北京市节能监察大队的处罚，将对超出部分按照市场均价处以 3 至 5 倍罚款，罚单在 2 周内开出，这也是北京市首张碳排放罚单。同日，《人民日报》刊登了碳排放超标企业被处罚的新闻，如图 3-7 所示。

对于碳排放未能履约的企业，主管部门除罚款外，还将从贷款、补贴、新建项目审批等各个方面管控失信企业。

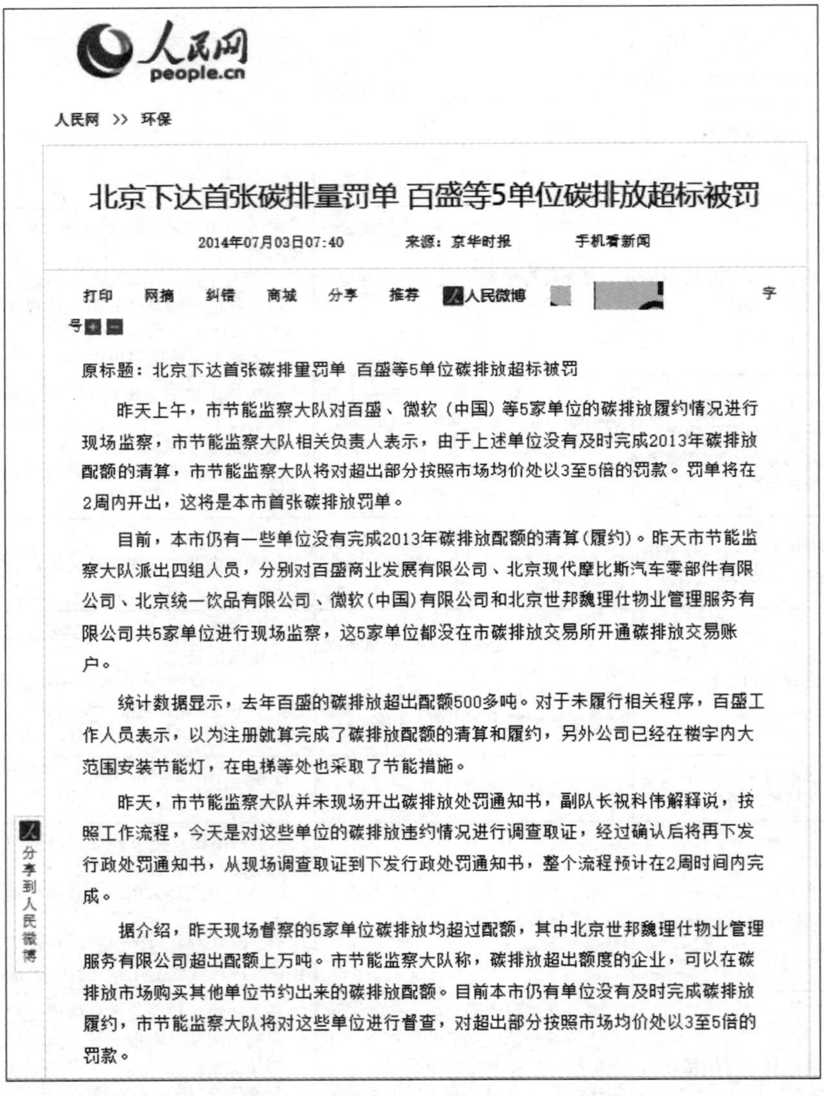

人民网 >> 环保

北京下达首张碳排量罚单 百盛等5单位碳排放超标被罚

2014年07月03日07:40　来源：京华时报　手机看新闻

打印　网摘　纠错　商城　分享　推荐　人民微博　字号

原标题：北京下达首张碳排量罚单 百盛等5单位碳排放超标被罚

　　昨天上午，市节能监察大队对百盛、微软（中国）等5家单位的碳排放履约情况进行现场监察，市节能监察大队相关负责人表示，由于上述单位没有及时完成2013年碳排放配额的清算，市节能监察大队将对超出部分按照市场均价处以3至5倍的罚款。罚单将在2周内开出，这将是本市首张碳排放罚单。

　　目前，本市仍有一些单位没有完成2013年碳排放配额的清算（履约）。昨天市节能监察大队派出四组人员，分别对百盛商业发展有限公司、北京现代摩比斯汽车零部件有限公司、北京统一饮品有限公司、微软（中国）有限公司和北京世邦魏理仕物业管理服务有限公司共5家单位进行现场监察，这5家单位都没在市碳排放交易所开通碳排放交易账户。

　　统计数据显示，去年百盛的碳排放超出配额500多吨。对于未履行相关程序，百盛工作人员表示，以为注册就算完成了碳排放配额的清算和履约，另外公司已经在楼宇内大范围安装节能灯，在电梯等处也采取了节能措施。

　　昨天，市节能监察大队并未现场开出碳排放处罚通知书，副队长祝科伟解释说，按照工作流程，今天是对这些单位的碳排放违约情况进行调查取证，经过确认后将再下发行政处罚通知书，从现场调查取证到下发行政处罚通知书，整个流程预计在2周时间内完成。

　　据介绍，昨天现场督察的5家单位碳排放均超过配额，其中北京世邦魏理仕物业管理服务有限公司超出配额上万吨。市节能监察大队称，碳排放超出额度的企业，可以在碳排放市场购买其他单位节约出来的碳排放配额。目前本市仍有单位没有及时完成碳排放履约，市节能监察大队将对这些单位进行普查，对超出部分按照市场均价处以3至5倍的罚款。

图 3-7　企业未履约被处罚的新闻

欧盟碳排放权交易体系（EU-ETS）处罚

《京都议定书》履约机制规定，对于不履约的发达国家和经济转轨国家，强制执行分支机构可暂停其参加碳排放权交易活动的资格；如缔约方排放量超过排放指标，还将在该缔约方下一承诺期的排放指标中扣减超量排放 1.3 倍的排放指标。

EU-ETS 第二阶段时，欧盟要求各成员国对体系内企业实施年度履约情况考核，规定履约企业必须在每年规定的时间内提交上年度经第三方机构核实的排放量及相应数量的碳排放配额。如企业未按规定完成履约清缴，则将面临成员国政府处罚，包括：

1）对每吨超额排放量罚款 100 欧元的经济处罚；

2）公布违法者姓名；

3）要求违约企业在下年度补足本年度超额排放等量的碳排放配额。

EU-ETS 第三阶段时，在上述违约处罚措施的基础上，新增了对成员国政府违约行为的处罚。欧盟要求违约的成员国政府必须在下年度补缴超额排放量 1.08 倍的碳排放配额量。

EU-ETS 第四阶段处罚与第三阶段相同。

小知识

履约管理建议如图 3-8 所示。

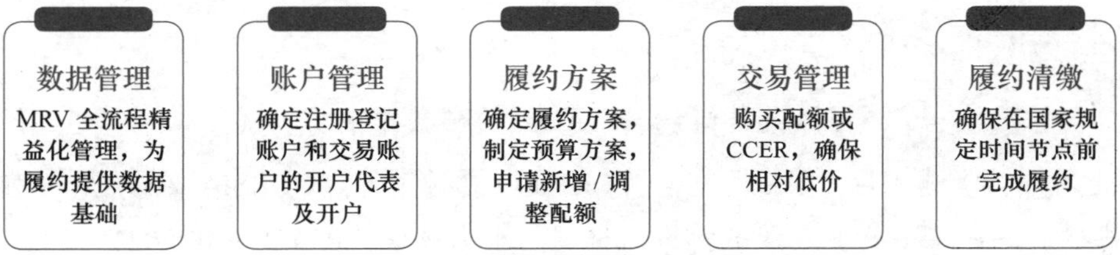

| 数据管理 MRV 全流程精益化管理，为履约提供数据基础 | 账户管理 确定注册登记账户和交易账户的开户代表及开户 | 履约方案 确定履约方案，制定预算方案，申请新增/调整配额 | 交易管理 购买配额或CCER，确保相对低价 | 履约清缴 确保在国家规定时间节点前完成履约 |

图 3-8　履约管理建议

学习子情境 3.2　抵消机制

3.2.1　定义与起源

一、定义

抵消机制是碳排放权交易体系内重点排放单位使用除配额之外的规定的碳减排信用

"抵消"其排放量进行履约。抵消的碳减排信用源自未被碳排放权交易体系覆盖的行业或地区的实体企业。主管部门对碳减排信用的使用规定被称为抵消机制。抵消机制可以在不影响体系完整性的前提下提升系统灵活性，有助于增加市场流动性。抵消机制的合理应用有助于支持和鼓励未被碳排放权交易体系覆盖的行业参与降碳行动，产生积极的协同效应，大幅降低碳交易体系的整体履约成本。

抵消信用的使用允许被覆盖排放源的排放总量超过总量控制目标，但由于超出的排放量被抵消信用所抵消，因此总体排放结果不变。抵消使用的碳减排信用可以来自国内或国际开发项目，具体使用受各碳排放权交易体系规则限制。

二、起源

（一）国际抵消机制

《京都议定书》中清洁发展机制（CDM）是国际抵消机制的范例，也是抵消机制的开端。《巴黎协定》第六条介绍了未来新的抵消机制，但其规则和指导准则还未确定。国际抵消机制是由多个国家承认的机构管理体系，这些机构包括国际组织或非营利组织内部的机构。管理机构制定明确的抵消规则，参与国的抵消行为需严格按照规则实施。国际抵消机制的抵消量可在多个国家产生，并在国际市场上出售。例如，CDM项目减排量从发展中国家产生，发达国家可购买CERs（CDM项目减排量，从发展中国家产生，发达国家可购买CERs用于抵消自身碳排放）用于抵消自身碳排放完成履约。

相关阅读

国际民航组织（ICAO）的碳减排市场机制

《巴黎协定》通过后，国际民航组织（ICAO）通过了包括CORSIA在内的一系列决议，决定将建成全球首个行业性碳减排市场机制。根据决议，ICAO将在2021—2035年分三个阶段实施CORSIA，即试验期（2021—2023年）、第一阶段（2024—2026年）及第二阶段（2027—2035年）。其中，试验期和第一阶段各国可自愿参加，发达国家应率先参与；第二阶段则要求国际航空运输量占全球国际航空运输量的份额高于0.5%以上的国家或国际航空活动全球累计占比90%以上的国家参与，仅部分最不发达国家（LDCs）、小岛屿国家（SIDs）、内陆发展中国家（LLDCs）等不在此列。

在机制的具体设计上，CORSIA旨在通过航空公司购买碳减排指标，以抵消其超额排放的模式，实现2020年碳中性增长的目标。原计划拟采用2019—2020年全球民航排放的均值作为行业基准，后因其他因素影响将基准调整为2019年排放水平，航空运营商特定年份需抵消的碳排放量将在依据该基准的前提下主要基于"祖父法"（即历史排放法）确定。在可用的碳减排指标方面，ICAO认可了包括中国温室气体自愿减排计划在内的6个合格碳减排项目体系，其可为CORSIA试验期提供合格的碳减排指标。

（二）国内抵消机制

全国碳市场
抵消机制

国内抵消机制是国家或省级管理的机制，由国内政府主管部门参考国际指导准则，针对特定司法管辖区域制定规则。碳减排信用可由省内或省外开发的项目产生。其他司法管辖或国家的抵消市场也可与国内碳排放交易体系或抵消市场建立联接，促进碳信用的流通性。

小知识

碳排放权交易体系抵消信用来源如图 3-9 所示。

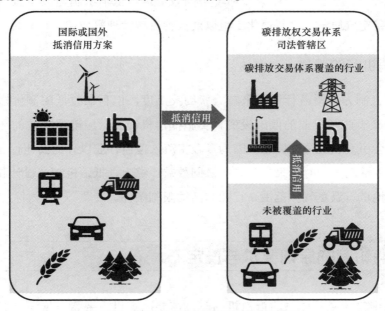

图 3-9　碳排放权交易体系抵消信用来源

3.2.2　抵消机制的好处与挑战

一、抵消机制的好处

（1）成本控制

抵消机制能够给纳入碳排放权交易体系的重点排放单位带来更多低成本的减排机会。未纳入碳排放权交易体系的行业，如林业、农业、交通运输业、废弃物回收处置等，能够以较低成本减少排放或增加碳捕捉与封存的机会，同时也能够为碳排放权交易体系带来更多的支持者（如项目开发商等）。抵消机制可赋予政策制定者设立更严格总量控制目标的可能，并可为减排政策稳定性提供支持，较低价的碳减排信用也能让重点排放单位更好地控制减排成本。

（2）促进减排

碳排放权交易体系未覆盖的行业可通过抵消机制激励其减排，并能通过碳交易获得资金收益，能够吸引新的行业和国家、地区参与气候变化减缓行动，激发创新思维并了解市场机制。在产生国际抵消信用时，开发减排项目的过程能够促进抵消项目的东道国采纳市场措施。国内抵消机制也能够促进碳交易覆盖行业外的企业积极实施减排措施，提前做好未来进入碳排放权交易体系的准备。

（3）协同效益

抵消机制能够产生经济、社会和环境协同效益。当抵消机制与政策重点协调一致时，即可产生如改善空气质量、修复退化土地以及改善流域管理等效益。

二、抵消机制的挑战

虽然抵消机制为被覆盖行业带来较大履约灵活度，但存在拉低配额价格的可能性，也可能在短期内减少此类行业的低碳投资。实施抵消机制时，应确保区域的环境完整性。抵消机制还可能会引发利益分配问题，因为资金将流入覆盖行业以外的其他行业或其他区域，用于低碳技术或活动，同时带来各类减排协同效益。综上，抵消机制在设计和实施时，应审慎考虑并明确地域、温室气体范围、行业和活动限制条件。

3.2.3 抵消机制的原则要求与设定

在设计碳排放权交易体系的抵消机制时，需要确定以下要素：抵消方案的地域范围；覆盖的温室气体范围、行业和活动；是否限制抵消机制使用数量以及其他方法学要求。

一、地域限制

碳排放权交易体系可以同时接受来自管辖区范围内和范围外的抵消信用，也可以单独接受来自管辖区范围内或范围外的抵消信用。

（一）管辖区范围内

仅接受来源于本辖区碳市场覆盖行业以外的抵消信用，有助于实现管辖区整体控排目标，同时还可减少履约、监测和执行的难度，获得管辖区内减排行动的所有协同效益。

（二）管辖区范围外

可接受管辖区以外的抵消信用，扩大碳减排信用供应来源，提供更多低成本减排机会。

二、项目类型限制

碳排放权交易体系对能够用于抵消的项目类型有限制规定，通过其规定合格的抵消项目类型来实现环境完整性和其他协同目标。项目需满足以下特点，可纳入抵消机制。

1）减排潜力：确保采用抵消机制的有效性。

2）低减排成本：提高成本效益，加强成本控制。

3）低交易成本：加强成本控制。

4）具有额外性和较低的碳泄漏可能：保证环境完整性。

5）能够实现未覆盖行业的环境和社会协同效益。

6）鼓励投资新技术的潜力：确保通过购买抵消信用提供适当的激励。

项目类型限制的具体措施包括：第一，设定特定标准来确保环境完整性和其他目标的实现；第二，规定一系列合格和不合格的抵消信用类型。也有一些碳排放权交易体系同时采取这两项措施。这些限制一般取决于协同效益、资源分配、额外性、碳泄漏和逆转风险的评估结果。例如，欧盟不接受 CDM 项目的临时信用（临时核证排量），认为此类信用只具有临时气候效益，以此排除来自造林和再造林项目的信用。

三、抵消比例限制

为保证市场供需平衡和价格稳定，碳排放权交易体系通常会对抵消量的使用比例设定上限，通过控制抵消量的比例调节碳市场中交易标的物的供给量。当碳价急剧上涨时，通过提高抵消量比例来增加碳排放配额供给以抑制碳价暴涨，相反，可通过降低抵消比例预防碳价暴跌。

全国碳排放权交易抵消限制见表 3-2。

表 3-2　全国碳排放权交易抵消限制

碳市场	全国	深圳	上海	北京	广东	天津	湖北	重庆	福建
使用比例限制	√	√	√	√	√	√	√	√	√
地域限制	待定	√	无	√	√	√	√	无	√
时间类型限制	待定	√	√	√	√	√	√	√	√

国际主要现行碳排放权交易体系的抵消机制见表 3-3。

表 3-3　国际主要现行碳排放权交易体系的抵消机制

碳排放权交易体系	抵消机制类型	限制
美国加州碳市场（California Cap & Trade）	由加州空气资源委员会（ARB）签发，来自美国或其领土范围、加拿大或墨西哥的项目，根据空气资源委员会批准的履约抵消协议开发履约抵消量； 由建立链接的监管计划（即与魁北克省）签发的履约抵消量； 来自符合要求的发展中国家或其部分司法管辖区的抵消机制（包括减少毁林和森林退化所致排放量）下的基于行业的抵消量，不过这将受进一步监管约束	抵消量总体上限制在覆盖实体履约义务总量的 8% 以下。其中基于行业的抵消量 2017 年之前限制在履约义务总量的 2% 以下，2018—2020 年之间限制在 4% 以下
欧盟排放交易体系（EU-ETS） 第一阶段（2005—2007 年） 第二阶段（2008—2012 年） 第三阶段（2013—2020 年） 第四阶段（2021—2028 年）	第一阶段：无合格抵消量 第二阶段：联合履约机制（ERU）和清洁发展机制（CER） 第三阶段：联合履约机制（ERU）和清洁发展机制（CER） 第四阶段：待定	1. 第一阶段无限制 2. 第二阶段各个成员国的性质限制各不相同。不得使用来自土地利用、土地利用变化和林业以及核电行业的抵消量。高于 20MW 的水力发电项目也受限制。抵消量可占各国分配数量的一定百分比。未使用的抵消量转移至第三阶段 3. 第三阶段中，第二阶段的性质限制依然适用。2012 年之后的抵消量来源仅限于最不发达国家。不允许来自工业气体项目的抵消量。为《京都议定书》第一承诺期内的减排量签发的抵消量仅接受至 2015 年 3 月。第二、第三阶段的抵消量限制在 2008—2020 年期间减排总量（16 亿吨二氧化碳当量）的 50% 以下 4. 第四阶段中，拟制定排除所有国际抵消量的提案
新西兰	联合履约机制（ERU）、京都清除单位（清除单位）、清洁发展机制（CER）、国内移除单位； 2015 年 5 月 31 日之后：仅包括来自第二承诺期的首要核证减排量单位	不接受：来自核项目的 CER 和 ERU；长期 CER；临时 CER；来自三氟甲烷和一氧化二氮销毁活动的 CER 和 ERU；来自大型水力发电项目（条件是遵守世界水坝委员会指导准则）的 CER 和 ERU；来自第一承诺期的减排单位、清除单位、CER 仅接受至 2015 年 5 月 31 日
美国区域温室气体减排行动（RGGI）	本地（项目位于区域温室气体倡议成员州和选定的其他州）	最高为各个企业履约义务总量的 3.3%，不过迄今为止该体系尚未产生抵消量
韩国 第一至第二阶段（2015—2020 年） 第三阶段（2021—2025 年）	第一至第二阶段国内（包括国内 CER） 第三阶段国内和国际	1. 第一至第二阶段限于 2010 年 4 月 14 日之后实施的减排活动。限制在各个企业履约义务总量的 10% 以下 2. 第三阶段国际抵消量最高可占碳排放权交易体系内抵消量总量的 50%
日本东京都总量限制交易体系	本地和国家级	总体上对抵消量的使用不设限。来自东京以外项目的信用可用于履行某一设施最高三分之一的减排义务

3.2.4　我国碳排放权交易抵消机制

一、中国核证自愿减排量（CCER）

中国核证自愿减排量（CCER）是指我国境内可再生能源、林业碳汇、甲烷利用等项目的温室气体减排效果进行量化核证，并在国家温室气体自愿减排交易注册登记系统中登记的温室气体减排量。CCER 是按照国家统一的温室气体自愿减排方法学并经过一系列严格的程序，包括项目备案、项目开发前期评估、项目监测、减排量核查与核证等，将项目产生的减排量经生态环境部备案后产生的，同时固化为碳资产。

方法学是指用于确定项目基准线、论证额外性、计算减排量、制定监测计划等的方法指南。截至 2017 年 3 月 CCER 窗口关闭前，国家主管部门已在信息平台分四批公布了 198 个备案的 CCER 方法学，其中由 CDM 项目转化的方法学 173 个，新开发方法学 20 余个。累计公示自愿减排审定项目 2871 个，备案项目 1315 个，累计备案减排量超过 7700 万吨，项目领域主要集中在风电、光伏、生物质利用、水电等。

2024 年 1 月 22 日，全国温室气体自愿减排交易在北京重启。重启后，仅可按照生态环境部制定发布的造林碳汇、并网光热发电、并网海上风力发电、红树林营造 4 项温室气体自愿减排项目方法学进行项目开发。接下来还将分批公布新的方法学，进一步扩大 CCER 市场的覆盖范围。

二、CCER 抵消原理和政策

（一）CCER 抵消原理

CCER 作为我国碳排放权交易市场的"补充产品"，其基本原理如下：

1）CCER 与碳排放配额同等用于控排企业履约；

2）市场上 CCER 价额通常低于配额价格；

3）利用 CCER 履约使用比的上限和条件，降低企业履约成本。

抵消机制原理示意如图 3-10 所示。

图 3-10　抵消机制原理示意

（二）CCER 抵消相关政策

全国碳市场 CCER 抵消相关最新政策如下。

《碳排放权交易管理暂行条例》第十四条中规定，重点排放单位可以按照国家有关规定，购买经核证的温室气体减排量用于清缴其碳排放配额。

2023 年 3 月 13 日，生态环境部发布《关于做好 2021、2022 年度全国碳排放权交易配额分配相关工作的通知》，组织开展国家核证自愿减排量（CCER）抵销配额清缴相关工作。重点排放单位可使用 CCER 抵销 2021、2022 年度碳排放配额的清缴，抵销比例不得超过应清缴配额量的 5%，相关规则、程序另行通知。

各区域碳市场抵消相关规定按照区域碳市场管理办法执行。具体要求见表 3-4。

表 3-4 各区域碳市场 CCER 抵消相关要求

试点碳市场	抵消类型	比例限制	地域限制	时间或项目限制
北京市	CCER；经审定的北京市节能项目碳减排量和林业碳汇项目碳减排量	不超过年度配额量的 5%，京外只能抵消 2.5%	北京市辖区外项目产生的 CCER 不得超过其当年 CCER 总量的 50%，优先使用河北省和天津市等与本市签署相关合作协议地区的 CCER	2013 年 1 月 1 日后实际产生的碳减排量；非来自减排氢氟碳化物（HFC_s）、全氟化碳（PFC_s）、氧化亚氮（N_2O）、六氟化硫（SF_6）气体的项目及水电项目的减排量；2005 年 2 月 16 日后，本市碳汇造林项目和森林经营碳汇项目
上海市	CCER	不超过年度配额量的 5%（1%，2016 年度）	不包含纳入企业边界范围内产生的核证减排量	2013 年 1 月 1 日后实际产生的减排量（非水电类项目，2016 年度）
深圳市	CCER	不超过当年排放的 10%	不包含纳入企业边界范围内产生的核证减排量	林业碳汇、农业减排
广东省	CCER & PHCER	不超过年度配额量的 10%	70% 以上来源于广东省本省项目（PHCER），非其他试点地区	非水电；对任一项目，二氧化碳、甲烷减排占项目减排量 50% 以上；水电项目以及化石能源（煤、油、气）的发电、供热和余能利用项目除外；来自清洁发展机制项目的 CCER 除外
湖北省	CCER	不超过年度初始配额的 10%	长江中游城市群（湖北）区域的国家扶贫开发工作重点县	非大、中型水电项目，优先农、林类
重庆市	CCER	不超过年度碳排放量的 8%	无	减排项目应当于 2010 年 12 月 31 日后投入运行（森林碳汇项目不受此限）；水电项目除外
天津市	CCER	不超过年度配额量的 10%	优先使用京津冀地区产生的 CCER。不包括天津市及其他省市试点项目纳入企业产生的 CCER	非水电；2013 年 1 月 1 日后实际产生的减排量，仅来自二氧化碳气体项目；不包括水电项目的减排量
福建省	CCER 经省碳交办备案的福建省林业碳汇减排量（FFCER）	不得高于其当年经确认的排放量的 10%，其中用于抵消的林业碳汇项目减排量不得超过当年经确认排放量的 10%，其他类型项目减排量不得超过当年经确认排放量的 5%	本省行政区内产生的项目	项目为 2005 年 2 月 16 日以后开工建设项目，来自重点排放单位的减排量；非水电项目；仅来自二氧化碳、甲烷气体的项目减排量

三、如何利用 CCER 进行抵消

CCER 作为碳排放权交易市场的补充机制，是具有国家公信力的碳资产，可作为国内碳排放权交易试点内重点排放单位的履约用途，也可以作为企业和个人的自愿减排用途。重点排放单位在配额不足时，可购买其他企业出售的配额进行履约，也可以购买 CCER 进行抵消。具体流程如图 3-11 所示。

关注政策	系统开户	参与交易	抵消履约
了解自愿减排政策进展和全国碳市场抵消履约规则	在自愿减排交易注册登记系统和交易系统中开户	估算所需CCER量，分析市场运行形势并进行交易	在注册登记系统中提交 CCER

图 3-11　购买 CCER 抵消流程

（一）开户申请

首先应当通过各地区碳排放权交易所，在国家自愿减排和碳排放权注册登记系统和交易系统中开户。开户过程中，交易所将进行一轮资料审核，审核通过后交国家登记簿管理机构进行第二轮审核，两轮审核均通过后批准开户，CCER 开户申请流程如图 3-12 所示。

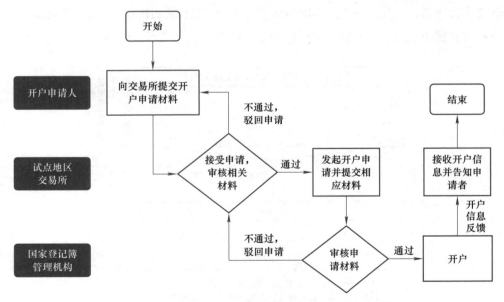

图 3-12　CCER 开户申请流程

（二）参与交易

各区域碳排放权交易所 CCER 交易规则各有不同，需根据具体情况进行 CCER 交易。例如，北京市 CCER 在北京环境交易所平台进行购买，购买方式为线上直接购买和线下签订 CCER 转让协议两种。

（三）抵消履约

抵消履约是指在注册登记系统提交 CCER 完成履约。各试点 CCER 抵消规则各有不同，详见表 3-4。具体操作，以广东省碳市场为例。

2023 年 2 月 23 日，广东省生态环境厅发布《关于做好我省控排企业 2022 年度碳排放报告核查和配额清缴相关工作的通知》，通知附《广东省控排企业使用国家核证自愿减排量（CCER）或省级碳普惠核证减排量（PHCER）抵消 2022 年度实际碳排放的工作指引》。

广东省控排企业可以使用 CCER 或 PHCER 作为清缴配额，抵消本企业 2022 年度实际碳排放量。1 吨二氧化碳当量的 CCER 或 PHCER 可抵消 1 吨碳排放量。企业提交的用于抵消的 CCER 和 PHCER 的总量不得超过本企业 2022 年度实际碳排放量的 10%，且必须有 70% 以上是本省 CCER 或 PHCER。控排企业在其排放边界范围内产生的 CCER 或 PHCER，不得用于抵消本省企业碳排放。2022 年度可用于抵消的 CCER 和 PHCER 总量原则上控制在 100 万吨以内，首先优先消纳本省 CCER 和 PHCER，然后按照企业书面申请先后顺序允许用以抵消。水电项目，用煤、油和天然气（不含煤层气）等化石能源的发电、供热和余能（含余热、余压、余气）利用项目产生的 CCER 或 PHCER 不得用于抵消。广东省碳市场 CCER 或 PHCER 抵消履约流程如图 3-13 所示。

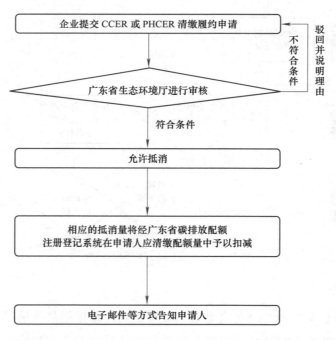

图 3-13 广东省碳市场 CCER 或 PHCER 抵消履约流程

职业判断与业务操作

针对本情境引例，分析如下：

1）发电企业 A 为我国重点排放单位，其 2021 年度履约清缴应按照《碳排放权交易管理暂行条例》和《2021、2022 年度全国碳排放权交易配额总量设定与分配实施方案（发电行业）》（以下简称《实施方案》）相关规定执行。

2）根据《实施方案》规定，重点排放单位每年可以使用国家核证自愿减排量抵销碳排放配额的清缴，抵销比例不得超过应清缴碳排放配额的 5%，则发电企业 A 在 2021 年度可使用 14.5 万吨 CCER 抵消履约排放量。

3）发电企业 A 持有 300 万吨配额及 10 万吨 CCER，那么 2021 年度发电企业 A 的履约方案有以下 3 种：

① 全部使用配额履约，履约成本为 17400 万元；

② 使用 10 万吨 CCER 及 280 万吨配额履约，履约成本为 16950 万元；

③ 使用 14.5 万吨 CCER（企业持有的 10 万吨以及碳市场购入 4.5 万吨）及 275.5 万吨配额履约，履约成本为 16675 万元。

4）此处需要注意的是，从碳资产总量持有的角度分析，方法③履约成本最低，但是从当年出入金的角度来看，方法①和②均不需要产生额外花费，而方法③会产生 67.5 万元的成本。如果从碳市场购入 4.5 万吨 CCER 后，卖出 14.5 万吨配额，则企业 A 能够获得 72.5 万元收益。

小知识

抵消履约建议如图 3-14 所示。

> 确保规定日期内提前履约，避免行政处罚

> 充分利用 CCER 抵消机制，降低履约成本

> 简化资金审批流程，提前做好履约预算

> 提前制定履约方案，保证最佳交易时机

> 紧跟政策要求，准确预判新增 / 调整配额

图 3-14　抵消履约建议

学习情境小结

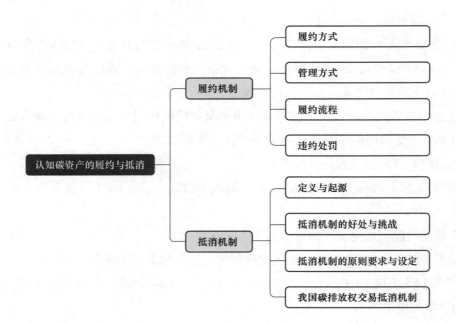

认知碳资产的履约与抵消
- 履约机制
  - 履约方式
  - 管理方式
  - 履约流程
  - 违约处罚
- 抵消机制
  - 定义与起源
  - 抵消机制的好处与挑战
  - 抵消机制的原则要求与设定
  - 我国碳排放权交易抵消机制

学习情境 4

领略碳资产管理

 职业能力目标

- ○ 了解碳资产管理的内涵
- ○ 了解企业碳资产管理的流程与模式
- ○ 了解碳金融的现状
- ○ 能够描述企业碳资产管理的基本内容
- ○ 能够说出企业碳资产管理的目标
- ○ 能自主学习企业碳资产管理知识与技能

 工作任务与学习子情境

工作任务	学习子情境
了解企业碳资产管理的工作内容	碳资产管理的内涵及流程
了解如何建立企业碳资产管理体系	
了解碳金融实务	碳资产与碳金融

学习子情境 4.1　碳资产管理的内涵及流程

4.1.1　碳资产管理的内涵

情境引例

　　企业 A 为我国重点排放单位，2022 年该企业全国碳排放权注册登记结算系统账户中持有碳配额 300 万吨，中国核证减排量（CCER）10 万吨。公司领导意识到持有的碳资产具有巨大的经济价值，要求碳排放管理部门实现公司碳资产保值增值。那么，作为企业碳排放管理部门的负责人，你如何开展企业碳资产管理工作？如何帮助公司实现碳资产保值增值？

知识准备

　　从国内外参与碳市场的企业实践来看，根据不同的组织架构设置，可以将碳资产管理模式分为三种。

模式一：成立碳资产管理部门

　　该模式的特点是在集团总部层面成立碳资产管理部门，统筹协调整个集团企业碳交易的各个环节，并对下属企业的碳交易实践提供技术支持，如英国石油、中国石油化工集团有限公司等企业。

应用案例

　　英国石油（British Petroleum，以下简称 BP）是世界领先的石油和天然气企业之一。具体而言，BP 的碳资产管理分为两个层面：一是在企业层面，每家 BP 的下属企业都有一个碳排放工作组和管理委员会，下属企业具体负责温室气体的监测、报告、核查和企业所在区域温室气体减排及履约。二是在集团层面，集团总部可在碳减排解决方案、新技术及新合作模式、全球碳减排交易、安全及操作风险 4 个方面为 BP 下属企业提供支持服务，其中综合供应和交易部门（以下简称"IST"）负责对 BP 全球的碳资产价格变动风险进行管理。同时，IST 下还设立有全球碳排放的交易部门（以下简称"交易部门"），目标是最大限度地降低 BP 整个集团的履约成本并且最大限度地提高 IST 的收入。配额仅在履约时交给下属企业，在此之前可以交给交易部门，由该部门负责买卖的盈亏。下属企业在履约前向 IST 部门购买无价格风险的碳排放配额，IST 部门从市场购买抵消配额，承接所有可能的风险以获取差价。同时，不同地区的碳排放政策变化和碳交易规则变化也可以为 BP 公司带来盈利的机会。

模式二：成立碳资产管理公司

与模式一不同的是，这类企业通过在集团内部成立一家相对独立的碳资产公司来专门负责整个集团的碳资产管理，如法国电力集团、中国华能集团有限公司等。

应用案例

中国华能集团有限公司（以下简称"华能"）是中国五大电力集团之一。为了更好地参与碳市场，华能成立了专门的碳资产公司，负责整个集团企业的碳资产管理工作。作为集团企业，华能的业务特点为"一元多极"式，"一元"是指电力，这是华能的主业；"多极"是指为主业服务的一系列相关配套产业，包括煤炭、金融、科研、交通运输、新能源、环保等。这些配套产业的发展能够为碳资产公司提供天然的优势，如华能资本服务公司能够为华能碳资产公司提供金融业务优势，西安热工院能够提供技术优势，还有一批水电企业、新能源企业能够提供 CCER 开发的优势等。

因此，华能成立专门的碳资产公司能够很好地依托集团企业现有的金融、技术及产业优势，更好地发挥其碳资产专业机构的平台作用。华能碳资产公司的职能主要有：一是制度建设。按照统一制定温室气体减排规划、统一组织温室气体排放统计、统一开发自愿减排项目、统一交易排放配额和 CCER "四个统一"原则，开展了从纲领性文件到实施细则的一系列规范性文件的制定与系统建设。二是温室气体排放统计工作。包括所属电厂的碳盘查、数据报送优化策略研究、建立温室气体数据报送系统等。华能碳资产公司在集团企业内部建立了一个集排放统计、指标调控及优化的信息管理系统，同时根据碳盘查结果进行配额分配方法的比较（或称全国碳市场压力测试），这些都为后续的交易和履约环节夯实了基础。三是 CCER 开发。由集团企业设立 CCER 项目开发专项资金，并建立 CCER 内部调剂系统，此外还设立华能碳基金来投资外部项目。四是控排企业履约工作。华能碳资产公司负责整个集团内部所有控排企业交易策略的制定，并完成履约工作。五是能力建设及资讯服务。包括举办内部培训，建立微信资讯平台，撰写月度工作简报，发布碳约束报告、碳市场蓝皮书等。六是碳金融创新。包括成立诺安湖北碳基金、绿色结构性存款、配额—CCER 互换期权、配额托管等。

模式三：由总部的部门和专业的碳资产管理公司共同进行碳资产管理

由于第三种模式结合了前两种模式，且涉及职能的重复叠加，容易给企业增加不必要的管理和运营成本，这里不做详细介绍。

无论是成立碳资产管理部门还是成立专门的碳资产公司，就碳交易本身而言并没有本质上的区别，两者都是企业内部进行碳资产管理的专门机构，差别在于不同的集团企业，其碳资产管理机构和下属企业之间在权责划分上有所区别。

根据中国工业节能与清洁生产协会 2021 年发布的《碳管理体系 要求及使用指南》（T/CIECCPA 002-2021），碳资产管理的目的是使组织在碳减排方面的资源投入与产出能够以资产的形式量化显现。

碳资产管理的核心是提高配额持有量、控制碳排放量、缩小配额缺口，其管理目标是在确保配额量能够满足履约要求前提下控制履约成本。充分掌握控排企业碳排放配额与碳排放量状况，当碳排放配额不足时，积极采取应对措施，保证有足够配额进行履约；当碳排放配额富余时，对碳资产进行合理的经营管理，通过交易或其他碳金融方式提高收益。碳资产管理主要包括年度碳排放配额的盈缺分析、年度碳排放配额履约、新增设施配额申请（如有）、应对碳交易机制工作年度预算制定、碳排放目标分解与完成情况考核、碳交易政策与市场信息分析研究、碳配额交易申请提出等。

（一）配额申请与履约

1）监测跟踪数据，核算全年碳排放量，分析配额盈缺量。

2）准备并提交新增设施配额申请所需材料。

3）测算履约成本，制定财务预算。

4）明确履约不合规的相关处罚机制。

5）根据碳排放权交易相关规则和交易需求开立碳排放权交易相关账户。

6）设置登记账户、碳排放权交易相关账户的管理权限，对相关账户进行管理。

7）在国家规定时间内完成交易和履约。

（二）碳排放绩效考核

1）正确设定不同部门、不同岗位的碳排放绩效考核参数。

2）基于良好的数据管理体系科学预测年度碳排放量。

3）通过配额分解科学设定不同部门碳排放目标。

4）制定严格的碳排放绩效考核机制。

（三）碳减排资产开发与管理

1）明确碳减排资产开发成本、流程与周期。

2）明确碳减排资产履约规则、使用条件并密切关注相关政策。

3）掌握碳减排资产市场动态与价格区间。

4）挖掘碳减排资产开发潜力，研发碳减排资产开发方法学。

4.1.2　如何开始企业碳资产管理

企业可参考《碳管理体系 要求及使用指南》（T/CIECCPA 002-2021），结合企业实际现状和发展目标，建立符合需求、有效的碳资产管理体系，并在碳资产管理体系下开展碳资产管理实际工作。企业碳资产管理体系建立步骤如下。

1. 了解企业及其处境

企业应确定与其意图相关并影响其实现碳资产管理体系预期结果的能力的外部和内部问题，应对国家、地方政府支持企业建立碳资产管理的政策、措施予以充分的了解。

注："问题"意味着"争论或讨论的一个重要专题或难题"，它可能对企业有正面或负面的影响。

企业需要考虑的关于碳资产管理问题如下。

—— 外部问题：类型包括文化的、社会的、环境的、政治的、法律的、法规的、金融的、技术的、经济的、自然与竞争因素的等，区域包括国际的、国家的、地区的等。

—— 内部问题：企业的认同（包括其愿景、使命、价值观）、治理、结构、政策、资源、能力、人员及财务。

2. 了解相关方的需求和期望

企业应对本行业协会、所有者、员工及相邻组织对建立碳资产管理体系的需求进行全面的了解。

企业应确定：

—— 与碳资产管理体系有关的相关方；

—— 相关方的相关要求；

—— 哪些要求将通过碳资产管理体系来得到解决。

企业需要考虑的潜在相关方可能包括：

—— 监管部门（当地的、地区的、国家的、国际的）；

—— 上级或下级组织；

—— 客户；

—— 行业及专业协会；

—— 社会团体；

—— 非政府组织；

—— 供应商；

—— 近邻；

—— 合伙人；

—— 职工；

—— 投资者；

—— 竞争对手；

—— 学术界与研究人员。

企业需要考虑的相关方要求可能包括：

—— 适用的法律；

—— 许可证、执照或批准的其他形式；

—— 适用的法规；

—— 法院或行政法庭的判决；

—— 企业所属组织的要求；

—— 条约、公约及议定书；

—— 相关的行业规范与标准；

—— 已签订的合同；

—— 与消费者、社会团体或非政府组织的协议；

—— 与政府和客户的协议；

—— 采用自愿原则或行为守则的要求；

—— 志愿性标记或生态环境承诺；

—— 在与企业合同安排下所产生的义务。

3. 确定碳资产管理体系的范围

企业应确定适合其碳资产管理体系的组织边界和适用性，以确定其体系适用范围。

在确定这个范围时，企业应考虑：

—— 外部和内部问题；

—— 相关方的要求。

范围一经界定，该范围内企业的所有活动、产品和服务均应纳入碳资产管理体系。

该范围应被作为文件化信息以供使用，并适时说明不适用碳资产管理体系标准某条要求的正当理由。

注意：企业的碳资产管理体系的可信度依赖于它的边界和适用性的恰当选择。关于该范围的文件化信息是对企业包括在碳资产管理体系边界内的业务流程和运行的一种真实的和有代表性的陈述，且不宜误导相关方。

注意：企业宜运用生命周期观点考虑其对活动、产品和服务能实施控制或施加影响的程度，范围的设定不宜用来排除具有或可能具有温室气体排放源的活动、产品、服务或设施，或规避其合规义务。

4. 碳资产管理体系

企业应建立、实施、保持并持续改进一个碳资产管理体系，应确定碳资产管理体系及其所需的过程和相互作用。

5. 领导作用

（1）领导作用和承诺

最高管理层指定专人负责碳资产管理体系的建立、实施、运行并持续改进。

最高管理层应通过下列方面的活动来证实其碳资产管理体系方面的领导作用和承诺：

1）为碳资产管理体系负责人确立目标并指导相关措施的策划；

2）建立致力于实现碳资产管理目标的协同工作文化；

3）将碳资产管理相关决策准则用于资本开支和其他决策；

4）支持碳资产管理发展策略，并践行碳资产管理相关活动的改进；

5）将碳资产管理与组织的其他职能相协调。

（2）碳资产管理方针

最高管理层应确立一项碳资产管理方针，以至：

1）是适合于公司的目的的；

2）提供了一个设置碳资产管理目标的框架；

3）包括对履行其合规义务的一项承诺；

4）包括对碳达峰、碳中和的一项承诺；

5）包括对满足适用要求的一项承诺；

6）包括对持续改进碳资产管理体系的一项承诺。

碳资产管理方针应：

—— 作为文件化信息是可供使用的；

—— 在企业内是进行了沟通的；

—— 适当时，可供相关方使用。

（3）企业的角色、职责和权限

最高管理层应指定一个职能部门实施碳资产管理体系，并分配相关的职责和权限并确保相关角色的职责和权限已在组织内得到分配与沟通。

6. 策划

（1）应对风险和机遇的措施

企业在策划碳资产管理体系时应确定需要应对的风险和机遇，以实现下列方面的目的：

——确保碳资产管理体系能实现其预期结果；

——避免或减少非预期的影响；

——实现持续改进。

碳资产管理风险的识别旨在将组织的碳资产管理风险控制在企业可接受的范围之内。这样的风险和机遇可能存在于：配额及履约、温室气体项目的开发、碳资产质押、借碳及碳资产托管等。

（2）碳资产管理目标及其实现的策划

企业应按现时的碳管理需求来策划相应的碳资产管理目标，碳资产管理目标应包含对正资产和负资产的要求。

正资产：碳的正资产由企业拥有或控制，由分配或交易及其他事项形成，可通过碳交易市场进行交易或为生产提供低碳处理技术或环境保护能力、与碳排放相关的能够为公司带来直接或间接经济利益的资源。

企业碳的正资产包括、但不仅限于下列内容。

1）交易性金融资产：

——因碳减排得力剩余的碳排放配额；

——中国核证自愿减排量；

——标准化方法学开发（VCS）国际体系下的减排量；

——参与配额拍卖取得的资产。

2）不确定性收益：

——政府的碳减排补贴；

——国际组织的低碳奖项或课题研究；

——因碳减排而获得的税收减免；

——因参与二级市场交易产生的盈利；

——潜在的可开发减排量项目。

3）碳金融产品创新：

——因碳信托、碳基金等业务创新带来的收益；

——投资附有碳减排特性产品的收益。

4）绿色低碳技术等。

负资产：碳的负资产是指公司未参加实施节能减排项目或实施效果不理想，而导致碳排放量高于相关部门规定的温室气体基准线而形成的即时义务，履行该义务很可能会导致经济利益流出企业。

企业碳的负资产包括、但不仅限于下列内容。

1）交易性金融资产：

——因减排不力导致实际碳排放超出政府发放的配额部分；

——因买进碳排放权时机掌握得不恰当而导致的交易成本上升。

2）应交税费：

——因碳排放不达标产生的罚款；

——在国际贸易中，因对某个国家售出的产品上没有标注产品的碳足迹而额外缴纳的税额。

3）不确定性负债：

——因碳排放问题给企业带来的不确定性债务；

——绿色运营产生的成本支出；

——设备改造发生的支出费用；

——绿电采购发生的成本支出；

——因参与二级市场交易产生的亏损。

4）碳金融产品创新：

——因碳信托、碳基金等业务创新带来的亏损。

（3）碳资产评审

企业应明确碳资产的类别同时做好量化工作，并对碳资产状况进行评审，以策划进一步的管理措施。

碳资产评审的内容包括、但不仅限于：

1）确定正资产与负资产类别及细化；

2）确定碳资产量化所依据的法律和法规；

3）识别碳资产风险及其影响因素；

4）确定碳减排项目开发流程及投资评估体系；

5）确定碳金融衍生品开发的风险评估机制，以及收益测算模型；

6）定期评估企业的碳资产价值。

作为碳资产评审结果证据的适当文件化信息应可供使用。

（4）温室气体排放源

企业应在所界定的碳资产管理体系范围内确定其活动、产品和服务中所存在的温室气体排放源。此时，应考虑生命周期观点。

在确定温室气体排放源时，企业必须考虑：

1）变更，包括已纳入计划的或新的开发，以及新的或修改的活动、产品和服务；

2）异常状况和可合理预见的排放波动；

3）重点排放部门或重点排放设施。

作为所确定的温室气体排放源的结果证据的文件化信息应可供使用。

（5）碳减排绩效参数

企业确定碳减排绩效参数时，应考虑：

1）企业的活动、生产、服务提供情况；

2）何处存在监视和测量碳减排绩效的需求；

3）监视和测量碳减排绩效的方法；

4）所确定碳减排绩效参数的先进性和适宜性。

适当时，企业应对碳减排绩效参数进行评审，并与相应的温室气体基准线进行对照。

作为确定和更新碳减排绩效参数方法的证据的文件化信息应可供使用。

（6）温室气体基准线

企业应通过相关方规定的基准年的温室气体排放核算（核查）与报告来确定本组织的年度温室气体基准线。

当出现以下一种或多种情况时，应对温室气体基准线进行调整：

1）碳减排绩效参数不再反映本企业的碳减排绩效时。

2）相关因素发生了重大变化时。

注意：相关因素是指不经常变化的对碳减排绩效有显著影响的已知因素，如组织边界、报告边界、设施规模、产品或服务的种类等。

3）排放因子和核算方法发生变化时。

作为所确定的温室气体基准线及其所发生的变化的证据的文件化信息应可供使用。

注意：适当时，企业宜建立温室气体排放信息系统，其中包括温室气体基准线数据。

（7）碳资产管理相关数据收集的策划

企业应对碳资产管理相关的数据进行策划和收集。相关数据如下：

1）能源消耗测量值；

2）工艺过程的原材料消耗值或温室气体排放测量值或物料平衡数据；

3）碳资产的相关数据；

4）本行业、本地区、国内、国际的先进值。

注意：相关数据的收集频次可能是以时、日、月、年来确定。相关数据的收集方式宜从人工采集逐渐转向为数字化在线采集。

（8）合规义务

企业应：

1）确定并获取与其碳资产管理体系相关的合规义务；

2）确定如何将这些合规义务应用于企业；

3）在建立、实施、保持和持续改进其碳资产管理体系时必须考虑这些合规义务。

作为企业的合规义务证据的文件化信息应可供使用。

注意：合规义务可能会给企业带来风险和机遇。

（9）变更的策划

企业所建立的碳资产管理制度应与其实际情况相适应，并在相关的处境发生变化时进行变更策划。

7. 支持

（1）资源

企业应确定并提供建立、实施、保持和持续改进碳资产管理体系所需的资源。

碳资产管理体系所需的资源可能包括、但不仅限于：

—— 人力资源（人员）；

—— 特定学科的能力；

—— 企业的知识；

—— 企业的基础设施（即建筑物、通信线路、设施设备、计量器具等）；

—— 信息资源，其中包括与碳资产管理体系相关的数据；

—— 技术；

—— 财力资源；

—— 工作环境或过程运行的环境；

—— 时间（例如，用于实施方案、项目等的时间）

（2）能力

企业应：

—— 确定在其控制下从事影响其碳资产管理绩效工资的人员所必须具备的能力；

—— 确保这些人员基于适当的教育、培训，或经验是能胜任的；

—— 适用时，采取措施以获得所必需的能力，并评价所采取措施的有效性。

作为能力证据的适当文件化信息应可供使用。

注意：适用的措施可能包括对现时在职人员提供培训、指导，或重新分配，或聘用，或承包给有能力的人员。

（3）意识

企业人员应意识到：

—— 碳中和对应对全球气候变化的重大意义；

—— 碳资产管理方针；

—— 他们对碳资产管理体系有效性的贡献，其中包括改进碳资产管理绩效的收益；

—— 不符合碳资产管理体系要求时的影响。

（4）沟通

企业应确定与碳资产管理体系有关的内部和外部的沟通，其中包括：

—— 就什么进行沟通；

—— 什么时候去沟通；

—— 与谁去进行沟通；

—— 如何去进行沟通。

碳资产管理体系要求进行有效沟通的主体包括：

—— 有效的碳资产管理与符合碳资产管理体系标准要求的重要性；

—— 碳资产管理方针；

—— 职责和权限；

—— 碳资产管理体系的绩效；

—— 碳资产管理目标；

—— 审核的结果。

（5）文件化信息

企业的碳资产管理体系应包含符合相关标准、确定的、有效的文件化信息。

当创编与更新文件化信息时，企业应确保适当的：

—— 标识与描述；

—— 格式和媒介；

—— 适宜性和充分性的评审及批准。

碳资产管理体系的文件化信息应被控制，以确保：

1）在需要的地方和时候，它是可获得的且是适合使用的；

2）它是得到充分保护的（应避免保密性的丧失，不当使用，或完整性的缺失）。

为了控制文件化信息，企业应进行下列活动：

—— 分发、访问、检索与使用；

—— 存储和保存，其中包括易读性的保持；

—— 更改的控制（例如：版本控制）；

—— 保留与处置。

由企业确定的、策划和运行碳资产管理体系所必需的、来自外部的文件化信息应被标识，并得到控制。

注意：访问可能意味着一项有关仅允许查看文件化信息，或既允许去查看且有权力更改该文件化信息的决定。

（6）计量器具的配备及溯源

企业用于测量能源相关数据的计量器具配备应按 GB 17167—2006 的规定执行。用于测量工艺过程排放温室气体相关数据的计量器具配备应按工艺技术要求进行。

在用计量器具应按规定的时间间隔实施有效的测量学溯源。

作为给出碳资产管理体系相关数据的计量器具溯源证据的文件化信息应可供使用。

注意：计量器具在国际社会中又被称为测量仪器，这两者之间的内涵是一致的，而测量仪器和管理体系标准中常用的测量设备概念的内涵是不相同的。测量设备的内涵增加了相关软件及辅助设备。

注意：对于上述计量器具的溯源时间间隔，《中华人民共和国计量法》规定：强制检定工作计量器具的检定周期由相应的国家计量检定规程规定；气体非法制计量的工作计量器具宜由使用方自行按照具体的使用情况自行规定校准间隔期。

8．运行

（1）运行的策划和控制

企业应对碳资产管理的程序进行策划并实施运行控制。

企业应建立碳资产管理程序的控制准则，以支持碳资产管理的有效性。

碳资产管理程序应与企业及其碳资产管理方法复杂程度相适应。

企业应定期编制碳资产管理报表，其中包括、但不仅限于：

1）实际的碳排放量与碳排放配额之间的差异；

2）碳排放权交易预算；

3）碳减排预算等；

4）其他相关碳资产管理报表。

在不同的情况下，组织的碳资产管理应与组织的温室气体活动相适应，并应策划：

—— 碳资产为正资产时的对策；

—— 碳资产为负资产时的对策；

—— 非正常情况下应采取的措施；

—— 应对特定的风险和机遇时需采取的措施。

企业对金融衍生品的碳资产管理应确定融资类、融碳类碳资产的管理措施和交易逻辑。

（2）温室气体排放核算与报告

温室气体排放核算：企业应定期按国家、地方或行业的相关技术规范来实施温室气体排放核算，以全面掌握企业内温室气体排放的实际情况，并确定相应的温室气体减排方案。

作为核算与报告证据的适当文件化信息应可供使用。

温室气体排放报告：企业应定期按规定的要求和程序，规范地向相关政府部门报告其温室气体排放的真实情况，以确保报告的完整性、一致性、透明性和准确性。

所报告的具体内容包括：

1）报告主体的基本情况；

2）温室气体的排放情况；

3）气体的相关情况。

作为企业温室气体排放报告证据的文件化信息应可供使用。

配合第三方机构的温室气体排放核查：企业应按相关政府部门的规定，接受第三方机构对其进行的温室气体排放情况的核查。

9. 绩效评价

（1）监视、测量、分析与评价

总则：企业应对碳资产存量的波动情况及发展趋势进行监视，并对其进行分析以找出对组织有利的决策时机。

企业应确定：

—— 需要去监视和测量什么；

—— 监视、测量、分析和评价的方法，以确保结果有效；

—— 何时应执行监视和测量；

—— 何时应对来自监视和测量的结果进行分析与评价。

必要时，还应确定监视和测量特定过程所需的具体绩效指标。

组织应对碳管理体系的绩效及有效性进行评价。

作为监视、测量、分析和评价结果证据的文件化信息应可供使用。

合规性评价：企业应建立、实施并保持评价其合规义务履行状况所需的过程。

企业应：

1）确定实施合规性评价的频次；

2）评价合规性，必要时采取措施；

3）保持其合规状况的知识和对其合规状况的了解。

作为合规性评价证据的文件化信息应可供使用。

（2）内部审核

总则：企业应按策划的时间间隔进行内容审核，以提供关于碳资产管理体系是否有效的信息：

1）符合企业自身及相关标准对其碳资产管理体系的要求；

2）实施与保持是有效的。

内部审核方案：企业应策划、建立、执行并保持（一项）审核方案，其中包括频次、方法、职责、策划要求及报告。

在建立内部审核方案时，企业应考虑相关过程的重要性以及之前审核的结果。

组织应：

1）明确每次审核的审核目的、准则和范围；

2）选择审核员并进行审核，以确保审核过程的客观性与公正性；

3）确保审核的结果是向相关管理者报告的。

作为审核方案的实施和审核的结果证据的文件化信息应可供使用。

（3）管理评审

总则：最高管理层应按策划的时间间隔评审企业的碳资产管理体系，以确保它持续的适宜性、充分性和有效性。

注意：本条要求的措辞为"最高管理层应评审……"而不是"最高管理层应确保评审……"。当使用词汇"确保"时，则意味着最高管理层并不一定要自己去执行这些活动（去这么做的权力可能被委托给其他人），但最高管理层仍要对该项活动被执行负有责任。

注意：管理评审所涉及"适宜性"是指碳资产管理体系是否适合于该企业的运行、文化及业务系统；"充分性"是指该企业的碳资产管理体系是否符合相关标准要求且予以恰当地实施、所实施的要素有否遗漏，"有效性"则是指该企业的碳资产管理体系是否正在实现预期的结果以及所实现的程度。

管理评审应包含：

1）来自之前的管理评审措施的状况。

2）与碳资产管理体系有关的外部和内部问题的变化。

3）与碳资产管理体系有关的相关方的需求和期望的变化。

4）关于碳资产管理绩效的信息，其中包括下列方面的趋势：

—— 不符合及纠正措施；

—— 监视和测量结果；

—— 审核的结果；

—— 合规性评价的结果。

5）碳资产管理体系的变更需求。

6）持续改进的机会。

管理评审结果：管理评审的结果应包含与碳资产管理体系任何要素持续改进的机会及任何变更的需求有关的决策。

作为管理评审结果的证据的文件化信息应可供使用。

10. 改进

（1）持续改进

企业应持续改进，为企业的碳资产管理提供发展的空间。

（2）不符合及纠正措施

当发生一项不符合时，企业应进行如下处理。

1）对该不符合做出反应，适当时并：

——采取措施以控制且纠正它；

——处理后果。

2）评价所采取的措施以识别消除不符合的原因，以便使它不再发生或不在别处发生，通过：

——评审该不符合；

——确定不符合的原因；

——确定是否存在类似不符合，或发生类似不符合的可能性。

3）执行任何必需的措施。

4）评审所采取任何纠正措施的有效性。

5）必要时，对碳资产管理体系进行变更。

纠正措施应与所遇到的不符合的影响是对应的。

作为下列方面的证据的文件化信息应可供使用：

——不符合的性质及任何随后采取的措施；

——任何纠正措施的结果。

注意："纠正"是"以消除一项所发现的不符合的措施"，而"纠正措施"是"以消除一项不符合的原因并且要防止再次发生的措施"。这两者之间存在原则性差异。

应用案例

2021年11月8日，《碳管理体系 要求及使用指南》（T/CIECCPA 002-2021）标准在第四届进博会"2021国际碳中和与绿色投资大会"由上海环境能源交易所（以下简称环交所）正式向全球公布。海螺水泥、山鹰国际等一大批企业相继在上海环交所的指导下开展"EATNS"碳管理体系建设。上海环交所2023年5月19日发布"EATNS"碳管理体系项目，截至2023年5月19日已有八个项目通过复核审议。"EATNS"碳管理体系通过项目见表4-1。

表4-1 "EATNS"碳管理体系通过项目

序号	项目名称
1	百事德机械（江苏）有限公司
2	浙江格蕾特电器股份有限公司
3	明光三友电力科技有限公司
4	浙江山鹰纸业有限公司

（续）

序号	项目名称
5	山鹰华南纸业有限公司
6	山鹰纸业（广东）有限公司
7	山鹰华中纸业有限公司
8	上海碳索能源服务股份有限公司

学习子情境 4.2　碳资产与碳金融

企业开展碳资产管理实际工作中常涉及碳金融工具的使用，本情境将基于碳排放权交易的碳金融产品及其衍生品，从碳金融产品的融资、交易与支持三种作用入手，分类介绍国内已有的碳金融产品、交易流程等。

碳金融

4.2.1　碳金融是什么

2016 年 8 月，中国人民银行、财政部、国家发改委等七部门联合出台《关于构建绿色金融体系的指导意见》，明确绿色金融是指为支持环境改善、应对气候变化和资源节约高效利用的经济活动，即对环保、节能、清洁能源、绿色交通、绿色建筑等领域的项目投融资、项目运营、风险管理等所提供的金融服务。碳金融作为绿色金融体系的重要分支，将随着我国碳市场的发展而不断完善。

根据中国证券监督管理委员会 2022 年 4 月发布的《碳金融产品》（JR/T 0244—2022），碳金融是建立在碳排放权交易的基础上，服务于减少温室气体排放或者增加碳汇能力的商业活动，以碳配额和碳信用等碳排放权益为媒介或标的的资金融通活动。广义碳金融体系包含碳排放权交易市场以及各类碳金融产品及其衍生工具。但碳排放权交易市场作为一种交易机制，在现货市场上的控排企业之间的配额交易，只具有一定的价格发现的金融属性，并不能严格地将其划分为一类金融产品。因此，从狭义上来说，碳金融只包括各类碳金融产品及其衍生工具。

碳金融体系如图 4-1 所示。

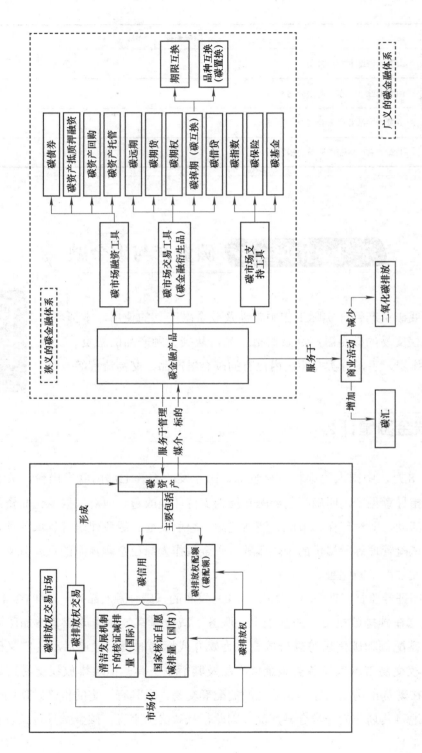

图 4-1 碳金融体系

4.2.2　碳金融工具介绍与应用

碳金融工具服务于碳资产管理的各种金融产品，包括碳市场融资工具、碳市场交易工具和碳市场支持工具。

一、碳市场融资工具

碳金融工具

以碳资产为标的进行各类资金融通的碳金融产品，主要包括碳债券、碳资产抵质押融资、碳资产回购、碳资产托管等。

（一）碳债券

碳债券是指发行人为筹集低碳项目资金向投资者发行并承诺按时还本付息，同时将低碳项目产生的碳信用收入与债券利率水平挂钩的有价证券。

类似于绿色债券，碳债券在进行产品设计的时候，会将其收益与环境收益直接挂钩。但是区别在于，碳债券的环境收益指的是其低碳项目产生的碳信用收入；而绿色债券仅仅是将减排效果纳入与其利率水平挂钩的范畴，并不涉及货币化的收入。在实际操作中，用于与债券利率水平挂钩的碳信用收入有两种，一种是通过自愿减排机制实现的碳信用，如CCER；另一种是通过出售融资方所拥有的碳配额，如 CEA。债券发行方约定在到期日或者是付息日的一定时间内，基于出售碳信用所获得的碳收益来计算碳收益率。从具体实践来看，发行碳债券与发行普通债券相比，最主要的不同在于，相关的资金募集文件中需要额外增加与碳收益的相关信息。

> **应用案例**
>
> 2022 年 8 月 4 日，在全国碳市场成立和碳金融标准出台后，安徽省能源集团公司通过"固定利率＋浮动利率"方式发行了首个"碳资产"标识的超短期融资债券，发行规模 10 亿元，期限 260 天，票面利率 1.8%。该债券将其浮动利率与项目所产生的碳减排量在全国碳市场上的配额收益率直接挂钩。

（二）碳资产抵质押融资

碳资产抵质押融资是一种新型的绿色信贷产品和融资贷款模式，指碳资产的持有者（即借方）将其拥有的碳资产作为质物（抵押物），向资金提供方（即贷方）进行抵质押以获得贷款，到期再通过还本付息解押的融资合约。

作为实践最广泛的一种碳金融产品，其本质是抵质押贷款的一种，区别是在抵质押贷款发生过程中，债务人的抵押物是其所拥有的碳排放权或者碳信用。各地碳市场的碳配额抵质押融资往往都是通过试点交易所和银行合作的方式联合推出。

实施流程

（1）碳资产抵质押贷款申请

借款人向符合相关规定要求的金融机构提出书面的碳资产抵质押融资贷款申请。办理碳资产抵质押贷款的借款人及其碳资产应符合金融机构、抵质押登记机构以及行业主管部门设立的准入规定。

（2）贷款项目评估筛选

贷款人对借款人进行前期核查、评估、筛选。

（3）尽职调查

贷款人应根据其内部管理规范和程序，对碳资产抵质押融资贷款借款人开展尽职调查。借款人通过碳资产抵质押融资所获资金原则上用于企业减排项目建设运维、技术改造升级、购买更新环保设施等节能减排改造活动，不应购买股票、期货等有价证券和从事股本权益性投资。

（4）贷款审批

贷款人应根据其内部管理规范和程序，对进行尽职调查人员提供的资料进行核实、评定，复测贷款风险度，提出意见，并按规定权限报批后做出对碳资产抵质押融资贷款项目的审批决定。贷款额度根据贷款企业实际情况确定。

（5）签订贷款合同

通过贷款审批后，借贷双方签订碳资产抵质押贷款合同。

（6）抵质押登记

贷款合同签订后，借款人应在登记机构办理碳资产抵质押登记手续，审核通过后，向行业主管部门进行备案。

（7）贷款发放

贷款发放时，贷款人需按借款合同规定如期发放贷款，借款人则需确保资金实际用途与合同约定用途一致。

（8）贷后管理

贷款发放后，贷款人应对借款人执行合同情况及借款人经营情况持续开展评估、监测和统计分析，跟踪借款人资金使用情况及还款情况。

（9）贷款归还及抵质押物解押

借款人在完全清偿贷款合同的债务后，和贷款人共同向登记机构提出解除碳资产抵质押登记申请，办理解押手续。

借款人未能清偿贷款合同的债务，贷款人可按照有关规定或约定的方式对抵质押物进行处置，所获资金按相关合同规定用于偿还贷款人全部本息及相关费用，处置资金仍有剩余的，应退还借款人；如不足偿还的，贷款人可采取协商、诉讼、仲裁等措施要求借款人继续承担偿还责任。

应用案例

广州市花都区某控排企业与中国建设银行股份有限公司广州花都支行向广碳所提交了碳配额抵押登记申请，该控排企业将碳配额作为贷款抵押物中的一部分，其他抵押物为其固定资产，向建行成功融资 200 万元人民币。该控排企业原有银行抵押贷款利率超过 8%，由于在抵押品中配置了碳资产，建行以低于原利率 30% 的优惠利率为其发放贷款。

（三）碳资产回购

碳资产回购是指碳资产的持有者（即借方）向资金提供机构（即贷方）出售碳资产，并约定在一定期限后按照约定价格购回所售碳资产以获得短期资金融通的合约。这种融资方式与碳资产抵质押融资有一定的相似之处，即都是以碳资产为一种资产担保，向贷方借得资金。不同点在于获得资金后的碳资产所有权的转移。碳资产回购过程中，资金提供方在接受碳排放配额受让后，在协议期内能够自行处置碳排放权配额，比如在市场上卖出配额，并在回购日期前买回即可。但是碳资产抵质押融资的碳资产作为质押物，资金提供方并不能将其进行处置，该权益由所在交易所进行冻结。

实施流程

（1）协议签订

参与碳资产回购交易的参与人应符合交易所设定的条件。回购交易参与人通过签订具有法律效力的书面协议、互联网协议或符合国家监管机构规定的其他方式进行申报和回购交易。回购交易参与人进行配额回购交易应遵守交易所关于碳配额或碳信用持有量的有关规定。

（2）协议备案

回购交易参与人将已签订的回购协议提交至交易所进行备案。

（3）交易结算

回购交易参与人提交回购交易申报信息后，由交易所完成碳配额或碳信用划转和资金结算。

（4）回购

回购交易日，正回购方以约定价格从逆回购方购回总量相等的碳配额或碳信用。回购日价格的浮动范围应按照交易所规定执行。

应用案例

2022 年 5 月，鞍钢集团以 4% 的融资利率，开展了碳资产回购融资，总计融得 2630 万元。相较于碳债券和碳资产抵质押融资，碳资产回购的融资在目前的碳金融市场上没有较为完善的政策体系和操作流程。因此，可供参考的实践情况较少。

（四）碳资产托管

碳资产管理机构（托管人）与碳资产持有主体（委托人）约定相应碳资产委托管理、收益分成等权利义务的合约。

作为碳资产持有主体的委托人将其所持有的碳资产，委托给作为托管人的碳资产管理机构，并约定相应的管理、收益分成等权利义务。碳资产所有者可以通过将碳资产托管给专业机构开展回购、远期等业务，一方面也可以为没有碳资产管理经验的碳资产所有方提供碳资产管理便利，使他们能够专注于自己的主营业务；另一方面，为缺乏碳资产管理经验的碳资产所有者，提供了一个通过将碳资产交给经验丰富的碳资产管理者，从而提高碳资产收益的途径。

实施流程

（1）申请托管资格

开展碳资产托管业务的托管方是以自身名义对委托方所托管的碳资产进行集中管理和交易的企业法人或者其他经济组织，需向符合相关规定要求的交易所申请备案，由交易所认证资质。

（2）开设托管账户

托管方应在交易所开设专用的托管账户，并独立于已有的自营账户。

（3）签订托管协议及备案

委托方应签署由交易所提供的风险揭示书，以及与托管方协商签订托管协议，并提交至交易所备案。

（4）缴纳保证金

托管协议经交易所备案后，托管方应按照交易所规定，在规定交易日内向交易所缴纳初始业务保证金。

（5）开展托管交易

委托方通过交易系统将托管配额或碳信用转入托管方的托管账户。委托方不应要求托管方托管委托方的资金。托管期限内，交易所冻结托管账户的资金和碳资产转出功能。

（6）解冻托管账户

托管业务到期后，由托管方和委托方共同向交易所申请解冻托管账户的资金和碳资产转出功能。需提前解冻的，由托管方和委托方共同向交易所提出申请，交易所审核通过后执行解冻操作。经交易所审核后，托管方按照协议约定通过交易系统将托管配额或碳信用和资金转入相应账户。

（7）托管资产分配

托管账户解冻后，交易所根据交易双方约定对账户所有资产进行分配。

（8）托管账户处置

账户资产分配结束后，交易所对托管账户予以冻结或注销。

应用案例

从各试点碳市场具体的业务管理细则可发现，碳资产托管业务的相关规定中，对于托管方的限制较多。对于托管方和托管机构的限制是交易所对其控排企业的一种合理的保护措施。通过限制托管机构的受托资产数量、注册资本、净资产，设定保证金等方式，来降低托管机构运营失误造成的风险。试点碳市场上的碳配额托管案例见表4-2。

表 4-2　试点碳市场上的碳配额托管案例

碳市场	日期	委托方	托管方	托管配额
湖北	2014 年 12 月 8 日	湖北兴发化工集团股份有限公司	武汉钢实中新碳资产管理有限公司 武汉中新绿碳投资管理有限公司	100 万吨
	2014 年 12 月 22 日	湖北宜化集团下属公司	武汉钢实中新碳资产管理有限公司 武汉中新绿碳投资管理有限公司	100.8 万吨
深圳	2015 年 1 月 23 日	深圳市芭田生态工程股份有限公司	超越东创碳资产管理（深圳）有限公司	—
广东	2016 年 5 月 26 日	深圳能源集团股份有限公司	广州微碳投资有限公司	350 万吨
福建	2017 年 5 月 4 日	福建省三钢（集团）有限责任公司	广州微碳投资有限公司	360 万吨
江苏	2021 年 7 月 19 日	新加坡金鹰集团	交通银行江苏省分行	—

二、碳市场交易工具

碳市场交易工具，也称碳金融衍生品，是指在碳排放权交易基础上，以碳配额和碳信用为标的的金融合约，主要包括碳远期、碳期货、碳期权、碳掉期、碳借贷等。与融资工具不同的是，碳市场交易工具并非以碳资产所有者利用其碳资产或碳交易收益在当前时点获得资金为目的，而是通过合约约定双方能够在未来的某个时间节点进行碳资产、碳资产收益或者是现金流的交易或者交换。这种交换是基于交易双方对于现有资产水平的情况、收益与风险偏好、未来碳价格的预期等因素决定的，主要以减少因市场价格波动导致的碳资产缩水损失，或者是利用碳价变化从而实现套利。

（一）碳远期

碳远期是指交易双方约定未来某一时刻以确定的价格买入或者卖出相应的以碳配额或碳信用为标的的远期合约。

从买方的角度来说，参与碳远期交易是为了降低其在合约交易时点获得碳资产的价格，一般情况下是预计在当年履约时存在配额缺口，需要从市场上购买配额，并且约定的远期价格要低于买方对于行权日碳市场价格的预期，是通过碳远期合约降低其碳交易成本的一种方式。另外，买方参与碳远期交易可以使其在能够接受的预期价格下，提前进行资金安排，提高其资金占用管理，减少经营风险。此外，买方也有可能不以履约为目的，通过碳远期合约实现市场套利，即所约定的购买价格低于市场碳价格，此时，买方可以通过合约购买配额后，在市场上出售，实现套利。

从卖方的角度来说则是相反的情况，一般情况下是预计在当年履约时存在配额盈余，需要向市场上出售配额，并且约定的远期价格要高于卖方对于行权日碳市场价格的预期。通过碳远期合约提高其碳交易收益的一种方式。另一种情况是，卖方预计市场上的配额价格是要低于合约价格，其可以通过在到期日前在市场上购买配额再在行权日以高于市场价的碳远期合约价格进行出售，实现套利。

实施流程

（1）开立交易和结算账户

碳远期交易参与人应具有自营、托管或公益业务资质，并在符合相关规定要求的交易所及交易所或清算机构指定结算银行开立交易账户和资金结算账户。

（2）签订交易协议

碳远期交易双方通过签订具有法律效力的书面协议、互联网协议或符合国家监管机构规定的其他方式进行指令委托下单交易。

（3）协议备案和数据提交

交易双方提交签订的远期合约至交易所进行备案或将交易双方达成的远期交易成交数据提交至清算机构。

（4）到期日交割

碳远期合约交割日前，交易所或清算机构应在指定交易日内通过书面、互联网或符合国家监管机构规定的其他方式向交易参与人发出清算交割提示，明确需清算的交易资金和需交割的标的。

交割日结束后，交易所或清算机构当日对远期交易参与人的盈亏、保证金、手续费等款项进行结算。

（5）申请延迟交割或取消交割

申请延迟交割或取消交割时，碳远期交易参与人应按交易所规定，在交割日前向交易所提出申请，经批准后可延迟交割或取消交割。

> ## 应用案例
>
> 目前，在中国的碳市场上，上海、广州、湖北三个试点碳市场已经开发了碳排放权现货远期业务。
>
> 上海试点碳市场截至 2021 年底已经累计达成 43708 个远期协议，累计成交配额的数量达到 437 万，累计交易额达到 1.58 亿元。
>
> 广东试点碳市场配额远期交易共 134 笔，累计成交配额达到 1092 万吨，累计金额约为 17048 万元；CCER 远期交易共 5 笔，累计成交配额达到 28 万吨，累计金额约为 252 万元。
>
> 湖北试点碳市场仅在 2017 年 4 月到 5 月间，交易了 30652.63 吨远期配额，总交易金额约为 1042.69 万元，远期配额均价约为 17.90 元。

（二）碳期货

碳期货是指期货交易场所统一制定的、规定在将来某一特定的时间和地点交割一定数量的碳配额或碳信用的标准化合约。

与碳远期类似，碳期货和碳远期都是通过买卖双方签订合约，约定在未来某个时间以一定的价格交易一定数量的碳排放权的合约。但是，碳期货作为一种期货产品，需采用标准化合约，即标的商品——碳资产的交易时间、商品特征、交易方式都是事先标准化的合约。此类合约大多会在交易所上市交易。而远期合约的各项交易要素则能够根据交易双方的需求自行约定，更多的是通过场外交易实现。

我国的碳期货市场建设正在不断加速。2021 年 4 月，证监会新闻发言人表示，将探索研究碳期货市场的建设，指导广期所稳妥推进碳期货研发工作。同年 5 月，广期所两年期品种计划获中国证监会批准，其中就包括碳排放权，这标志着全国性碳期货交易市场的正式成立。

（三）碳期权

碳期权是指期货交易场所统一制定的、规定买方有权在将来某一时间以特定价格买入或者卖出碳配额或碳信用（包括碳期货合约）的标准化合约。它与碳远期和碳期货一样，都是一种典型的，需要在交易所开展的一种期货合同。但是与碳远期和碳期货不同的是，碳期权的买方在合约到期时，并不需要进一步行权，买方可以选择放弃这一购买权。

2016 年 6 月 16 日，深圳招银国金投资有限公司、北京京能源创碳资产管理有限公司、北京环境交易所（现名北京绿色交易所）正式签署了国内首笔碳配额场外期权合约，交易量为 2 万吨。

2017 年 7 月，广州守仁环境能源股份有限公司与壳牌能源（中国）有限公司通过场外交易（OTC）的方式达成全国碳排放配额场外期权交易协议。

（四）碳掉期

碳掉期，也称碳互换，交易双方以碳资产为标的，在未来的一定时期内交换现金流或现金流与碳资产的合约，包括期限互换和品种互换。

期限互换是指交易双方以碳资产为标的，通过固定价格确定交易，并约定未来某个时间以当时的市场价格完成与固定价格交易对应的反向交易，最终对两次交易的差价进行结算的交易合约。

品种互换，也称碳置换，是指交易双方约定在未来确定的期限内，相互交换定量碳配额和碳信用及其差价的交易合约。

目前，仅有北京试点碳市场在开展碳排放权掉期业务，在 2016 年 5 月由中信证券、京能源创碳以场外非标准化书面合同的形式，开展了 1 万吨的场外掉期合约。

（五）碳借贷

碳借贷是指交易双方达成一致协议，其中一方（贷方）同意向另一方（借方）借出碳资产，借方可以担保品附加借贷费作为交换。目前常见的有碳配额借贷，也称借碳。碳资产的所有权并不发生转移，借方只是在借贷期间拥有碳资产的使用权。碳借贷并非通过碳资产进行借贷融资（进行借贷融资是碳资产抵质押融资），而是直接借用和出借碳排放配额。在目前的碳市场中，仅有上海碳市场有借碳交易的相关规定，但是在市场上暂时没有相关的产品实践。

实施流程

（1）签订碳资产借贷合同

碳借贷双方应为纳入碳配额管理的企业或符合相关规定要求的机构和个人。机构和个人参与碳借贷业务需符合交易所规定的条件。

碳借贷双方自行磋商并签订由交易所提供标准格式的碳资产借贷合同。

（2）合同备案

碳借贷双方按交易所规定提交碳资产借贷交易申请材料，并提交至交易所进行备案。

（3）设立专用科目

碳借贷双方在注册登记系统和交易系统中设立碳借贷专用碳资产科目和碳借贷专用资金科目。

（4）保证金缴纳及碳资产划转

碳资产借入方在交易所规定工作日内按相关规定向其碳借贷专用资金科目内存入一定比例的初始保证金，碳资产借出方在交易所规定工作日内将应借出的碳资产从注册登记系统管理科目划入借出方碳借贷专用碳资产科目。所借碳资产为碳排放权注册登记系统中登记的碳排放权。

碳资产借入方缴纳保证金，碳资产借出方划入应借出配额后，交易所向注册登记系统出具碳资产划转通知。

（5）到期日交易申请

碳借贷期限到期日前（包括到期日），交易双方共同向交易所提交申请，交易所在收到申请后按双方约定的日期暂停碳资产借入方碳借贷专用科目内的碳资产交易，并向注册登记系统出具碳资产划转通知。

（6）返还碳资产和约定收益

交易双方约定的碳借贷期限届满后，由碳资产借入方向碳资产借出方返还碳资产并支付约定收益。

三、碳市场支持工具

碳市场支持工具是为碳资产的开发管理和市场交易等活动提供量化服务、风险管理及产品开发的金融产品，主要包括碳指数、碳保险、碳基金等。

（一）碳指数

碳指数是指反映整体碳市场或某类碳资产的价格变动及走势而编制的统计数据。碳指数既是碳市场重要的观察指标，也是开发指数型碳排放权交易产品的基础，基于碳指数开发的碳基金产品，列入碳指数范畴。

对于企业来说，碳指数的一大作用是为企业提供市场未来的交易价格预期，从而指导企业的配额交易决策。但是目前碳指数对于未来市场价格的预测准确率不高，因此对于企业来说参考价值有限。

应用案例

我国碳指数应用案例见表 4-3。

表 4-3 我国碳指数应用案例

序号	碳指数名称	开发机构	指数基础
1	中碳指数	北京绿色金融协会	北京、天津、上海、广东、湖北和深圳试点碳市场
2	中国碳市场信心指数	中央财经大学	投资者对我国碳市场的预期
3	中国碳市场 100 指数	广州碳排放权交易所	全国碳市场控排企业中的上市公司股价
4	复旦碳价指数	复旦大学	基于碳排放配额价格指数 基于核证自愿减排量价格指数
5	碳价格指数	上海环交所 上海证券交易所	全国碳市场

（二）碳保险

碳保险是指为降低碳资产开发或交易过程中的违约风险而开发的保险产品，目前主要包括碳交付保险、碳信用价格保险、碳资产融资担保等。

实施流程

（1）提出参保申请

碳保险业务参与人应为纳入碳配额管理的企业或拥有碳配额的企业或者其他经济组织。碳保险业务参与人向符合相关规定要求的保险公司提出参保申请。

（2）项目审查、核保以及碳资产评估

保险公司进行项目审查、核保，具备资质的独立的第三方评估机构对碳资产进行评估。碳资产评估价值通常根据第三方评估机构等的评估结果进行综合评定，保险公司可依实际情况设定保险期限和保险额度。

（3）签订保险合同

碳保险业务参与人与保险公司签订碳保险合同。

（4）缴纳保险费

碳保险业务参与人向承保的保险公司支付保险费。

（5）保险承保

在保险期内，碳保险业务参与人的参保项目产生风险，由保险公司核实后，对保险受益人进行赔付。保险期结束后，碳保险业务参与人未发生损失触发保险赔偿条款的，保险自动失效。

应用案例

目前，上海、广东、湖北、四川四个试点碳市场中已经有相关的保险业务落地。我国试点碳市场的碳保险应用案例见表 4-4。

表 4-4　我国试点碳市场的碳保险应用案例

碳市场	保险公司	保险名称	保障对象	保障项目	保障风险	保障额度
四川	中国太平洋财产保险股份有限公司四川分公司	CCER 减排项目"保险＋投资"保投联动项目	投资公司或相关权利人	对符合条件的项目进行直投，支持地方政府建设 CCER 减排项目，利用减排项目发电等收益、CCER 交易收益收回投资成本。利用保险资金直投支持碳汇、碳中和，同时开发项目业主相关保险业务，保投联动产生更多效益	—	根据项目具体情况确定
		碳质押贷款保证保险	将碳配额／CCER 质押给银行等金融机构进行融资的企业	对投保人未偿还的借款本金余额和利息	借款履约保证风险	借款本金
		林木碳汇保险	CCER 林草业项目、政府、村镇集体、林草管理机构	标的因自然灾害死亡导致的碳汇富余价值损失／草原因生长低于历史水平而导致的草原遥感指数降低	林草碳汇损失风险	根据项目具体情况确定
		CCER 碳资产损失保险	CCER 项目的投资方、运营方	光伏机组／垃圾发电／风电机组	碳资产损失	国家认证机构审定的预计年减排量×CCER 交易估测单价
		低碳项目机器损坏碳交易损失保险	纳入全国碳排放权交易配额管理的重点排放单位、参加自愿减排交易的单位	额外碳排放造成的碳排放配额或自愿减排量损失	自然灾害、意外事故、疏忽过失、电气原因等导致的设备故障停机	保险金额为设备停机一年导致的碳减排量损失的市场价格
广东	人保财险广东省分公司	碳汇价值综合保险	云浮市国有大云雾林场	碳汇造林项目	极端气候灾害事件造成的森林损毁事故	112 万元
		"林木价值＋碳汇价值＋碳汇价格"组合型碳汇保险	清新区三坑镇布坑村林场碳汇林	林木碳汇综合价值	碳汇价值和价格损失风险保障	217 万元
上海	中国太保产险	碳排放配额质押贷款保证保险	—	—	—	—
湖北	平安财产保险湖北分公司		华新水泥集团	量身定制		

（三）碳基金

碳基金是指依法可投资碳资产的各类资产管理产品。

碳基金投资的最主要的碳资产标的是核证自愿减排产生的碳信用，如 CCER，可以在不同的试点碳市场上进行使用，而碳配额则有市场的局限性，仅能在各自的配额市场上进行使用。另一方面，部分基金是进行低碳企业投资，并且通过支持低碳企业的碳资产开发，实现碳资产的量化收益。

应用案例

目前，主要是在北京、上海、湖北、深圳和福建试点碳市场上应用。我国试点碳市场的碳基金应用案例见表 4-5。

表 4-5　我国试点碳市场的碳基金应用案例

基金名称	成立时间	成立机构	基金规模	投资标的
"碳排放权专项资产管理计划"基金	2014 年 11 月	华能集团、诺安基金	3000 万元	碳配额和 CCER
海通宝碳基金	2014 年 12 月	海通新能源股权投资管理有限公司、上海宝碳新能源环保科技有限公司	2 亿元	CCER
嘉碳开元基金	2015 年 3 月	深圳嘉碳资本管理有限公司	5000 万元	国内一级、二级碳市场，新能源及环保领域中 CCER 项目
碳信托基金	2015 年 4 月	湖北碳排放权交易中心、招银国金投资有限公司	一期：5000 万元 二期：6000 万元	我国试点地区的配额一级、二级市场，以及中国核证自愿减排量的一级、二级市场，投资范围是在中国碳交易试点市场进行配额和国家核证资源减排量之间的价差进行交易盈利
北京环交所—中美绿色低碳基金	2017 年 11 月	北京环境交易所、中美绿色低碳基金	100 亿元	国内外低碳节能环保领域的优质项目，协助各绿色发展基金实现碳资产的量化、收集和商业化
武汉碳达峰基金	2021 年 7 月	武汉市、武昌区两级人民政府，湖北两山绿色产业投资基金管理有限公司等金融机构	100 亿元	优选"碳达峰、碳中和"行动范畴内的优质企业、细分行业龙头开展投资；基金重点关注绿色低碳先进技术产业化项目，以成熟期投资为主
武汉碳中和基金	2021 年 7 月	武汉知识产权交易所、国家电力投资集团、盛隆电气集团、正邦集团等单位	100 亿元	
永安碳汇专项基金	2022 年 1 月	中国绿色碳汇基金会	1000 万元	碳汇造林与林业碳汇

学习情境小结

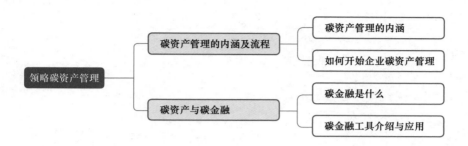

学习情境 5

体会碳资产的智慧化管理

 职业能力目标

- 了解数字技术对碳资产管理的作用
- 了解如何搭建企业碳资产管理信息平台
- 了解企业碳普惠平台的概念
- 理解企业碳资产智慧化管理的必要性
- 能够描述企业碳资产智慧化管理的内容

 工作任务与学习子情境

工作任务	学习子情境
了解数字技术对企业碳资产管理的作用	碳资产智慧化管理概况
学习如何建设企业碳资产管理信息平台	碳资产智慧化管理操作流程
了解企业碳普惠机制	企业碳普惠机制

学习子情境 5.1 碳资产智慧化管理概况

能源集团公司 A 旗下企业众多，包括二级平台企业、碳资产管理公司和多家三级公司，拥有多套火电机组和可再生能源发电（风电、太阳能、生物质等），持有碳资产量庞大，碳资产种类较多，急需做好集团碳资产的管理工作。参考国内外大型控排集团的管理经验，能源集团公司 A 要求集团下属碳资产管理公司建立有效的碳资产管理体系以及配套的碳资产管理信息化平台，全面掌握和有效利用集团碳资产，为集团碳资产管理、交易及相关金融衍生产品提供有效的数据服务支撑。

作为集团下属碳资产管理公司的技术负责人，你应如何开展集团碳资产管理信息平台的搭建工作呢？

知识准备

数字技术通常指包含物联网、大数据、云计算、人工智能、区块链等一系列技术在内的新兴通信技术的统称，被视为发动第四次工业革命的重要引擎。数字技术能够帮助企业获取涉"碳"的各种信息，把"碳"管起来，摸清碳家底、规范碳核算，实现碳资产管理和碳排放追踪数字化。企业通

碳资产智慧化管理

过数字技术提升碳排放数据获取、传递、存储、计算、统计的精准性、便捷性、安全性、可信性和高效性，助力碳排放核算的实时化、精准化和自动化，促进碳市场碳金融高效运转。

一、数字技术帮助企业建立高效可信的碳资产管理体系

对于各类企业，尤其是重点排放单位，搭建数字化能耗在线监测系统或能源管理中心，可以实现企业生产全过程和经营管理全范围能耗和碳排放、产品碳足迹数字化管理，有针对性地对高碳排放环节进行节能减排改进。例如，宝钢包装首创国内金属包装碳足迹平台，基于碳数据治理的架构，环境管理生命周期评价、碳达峰碳中和的业务场景，从现场层获取静态和动态数据，通过数据治理后，在数据层汇集、存储和可视化，并通过数据分析和应用需求导入，形成以"碳数据"为核心的工业互联网模式下的服务应用。数字技术通过建立数据模型，从运行成本、环保效益、能源效率等多维度给出企业运行方式优化和决策建议，为企业管理碳资产、优化碳交易策略、开展节能减排提供信息化支撑，整体提升绿色竞争力。全数字化的管理方式将显著减少在数据存储分析过程中出

现人为错误的可能性，大幅提升碳排放管理的安全性、可靠性以及评估审核的效率，帮助企业建立高效可信的碳资产管理体系。

二、数字技术赋能碳市场碳金融高效运转

在碳市场方面，未来碳市场具有多主体、多模式和多规则的特点，对碳市场交易透明性、实时性和数据安全性都提出了需求与挑战。结合区块链的"去中心化、透明安全、不可篡改、信息可溯"的技术特征，可以为我国碳市场建设提供具体实施手段，实现碳市场的安全可信交易与高效结算，完善碳交易流程和自动化业务处理。在碳金融方面，数字技术与碳金融深度融合，利用大数据、人工智能等先进技术在客户筛选、投资决策、交易定价、投/贷后管理、信息披露、投资者教育等方面提供更多支持。在碳汇方面，对于已经排放的二氧化碳，需要借助农林湖草等自然资源吸收碳排放完成碳中和，对土壤、作物、森林等环境要素进行数字化采集、存储和分析，已成为数字技术在碳汇方面的一大应用。

学习子情境 5.2　碳资产智慧化管理操作流程

职业判断与业务操作

一、碳资产管理信息平台建设原则

企业建设碳资产管理信息平台（以下简称"碳资产管理平台"）应遵守实用性、先进性、合规性的原则，结合企业现有信息化管理系统，保障碳资产管理平台具备开放性和可扩展性，符合企业对碳资产管理的综合管理实际需求。

（一）实用性

企业建设碳资产管理平台将满足企业各级单位对碳资产管理的需求，应具有极高的定制性，紧密贴合企业实际生产运营和管理情况。碳资产管理信息平台可接入企业现有信息管理系统，通过数据接口抓取数据，实时分析企业各级单位碳资产开发、经营、管理情况，采用简单易操作的系统界面，让用户方便访问。同时可以设置访问权限。管理平台应按照日度、月度、季度、年度等不同生产周期，自动生成碳排放数据报表及报告，集中管理和分析企业碳资产持有情况、盈缺情况、资产总额，碳资产各产品种类占比等情况。

（二）先进性

碳资产管理平台框架开发语言应安全性高、扩展性好。碳资产管理平台的框架应完善，可以分层开发、模块开发、实现接口数据的沟通，使平台具备扩展性。碳资产管理平台基于模块组件开发逻辑，方便模块快速组装，宜支持跨 OS、中间件、数据库运行，宜支持分布式部署、监控，支持大数据存储、分析、计算。

（三）合规性

碳资产管理平台设计应遵循已有的国际标准和国内标准，可参照以下标准。

GB/T 11457—2006：信息技术 软件工程术语

GB/T 8566—2022：系统与软件工程 软件生存周期过程

GB 8567—2006：计算机软件文档编制规范

平台设计应符合相关国家标准、行业标准和部、省组织制定的相关信息资源、信息交换、信息服务等标准规范，同时系统相关数据标准和规范应满足企业统一数据交换平台的相关规范，保证平台与企业信息化系统数据的高效共享和业务的有效联动。

（四）开放性和可扩展性

碳资产管理平台应具有较强的生命力和开放性，设计时应考虑到新技术、新产品出现时对本系统的兼容性；当业务需求、外部环境发生变化时，可以扩展系统的功能和性能。软件设计简明，各功能模块间的耦合度小，以适应业务发展需要，便于系统的继承和扩展。以保证系统可靠运行和持续发展为前提，碳资产管理平台可采用开放式架构设计，具备功能模块的扩展能力，满足新业务功能扩展需要。碳资产管理平台应系统构建模块化、功能模块组件化，具有相对独立的软件层次和清晰的系统结构，平台的各功能模块具备单独调试运行条件，以便于灵活地增加和修改某个功能，以满足个性化需求和新业务拓展的要求。碳资产管理平台应具备灵活的业务功能重组与更新能力，应支持新业务的自由加载，且不影响原有业务流程。

（五）安全性和可靠性

碳资产管理平台从设计到实施需满足物理安全、网络安全、主机系统安全、应用安全、数据安全。交付前应由专业的评测机构进行安全测评，通过后再进行上线，确保碳资产管理平台具备安全性和可靠性。

（1）安全基础设施

安全基础设施包括防火墙系统、防病毒系统、监控检测系统、可信运维管理系统、容灾备份系统。

防火墙系统：根据各安全域具体的安全防护策略，实现各安全域的边界保护。

防病毒系统：防范病毒入侵和传播。

监控检测系统：发现和修补安全漏洞，对各种入侵和破坏行为进行检测和预警，包括脆弱性扫描、入侵检测、Web 网页防篡改等机制。

可信运维管理系统：对云平台提供的计算资源服务器进行访问授权和操作审计。

容灾备份系统：对系统进行容灾和备份。

（2）应用系统安全

应用系统安全包括承载应用系统的操作系统和应用系统自身的安全。应用系统安全是指应用系统权限来进行控制与管理。其中授权管理系统是指提供授权管理服务，实现对信息资源和服务的有效管理和控制。授权管理系统通过身份管理和访问控制实现账号统一、集中认证，保证系统应用安全。

（3）安全管理保障体系

安全标准规范体系是安全管理保障体系的基础，指导整个安全生产监测和应急指挥信息系统建设，包括技术、组织、标准、制度和服务等内容。

安全管理组织：形成一个统一领导、分工负责，能够有效管理整个系统安全工作的组织体系。

安全管理制度：包括实体管理、网络安全管理、软件管理、信息管理、敏感信息介质管理、人员管理、安全保密产品管理、密码管理、维修管理及奖惩等制度。

安全服务体系：系统运行后的安全培训、安全咨询、安全评估、安全加固、紧急响应等安全服务。

安全管理手段：利用先进成熟的大数据安全分析技术，大数据处理与分析系统以及数据模型分析服务在内的方案，提供数据从汇入、存储、分析到可视化的安全分析管理平台，逐步建立整个系统的安全管理系统。

通过建设安全基础设施、应用系统安全措施和安全管理保障体系，提供鉴别、访问控制、抗抵赖和数据机密性、完整性、可用性、可控性等安全服务，形成集防护、检测、响应、恢复于一体的安全防护体系，实现实体安全、应用安全、系统安全、网络安全、管理安全，满足安全生产监测和应急指挥信息系统根本的安全需求。

碳资产管理平台应具备：

1）支持发布数据的精细化权限控制，数据交换的详细日志。

2）提供安全的数据存储策略、精细的系统数据级权限控制。

3）系统应能够保证 7×24 小时不间断稳定运行，出现故障能够及时告警。能够在非工作时间对系统进行局部维护，不影响业务连续性。

4）系统支持负载均衡的集群部署模式，有效避免单点故障。

5）系统错误或异常准确记录并及时提示。系统对运行过程中的事件进行分类记录形成系统日志。

6）支持在网络条件较差或不具备上网条件的情况下，支持按模板进行离线数据填报、批量导入。

（六）可管理性和兼容性

碳资产管理平台应用界面应简洁、直观，尽量减少菜单的层次和不必要的点击过程，使用户在使用时一目了然，便于快速掌握系统操作方法，符合使用人员的思维方式和工作习惯，可提供联机的或脱机的帮助手段。具体如下：

1）提供数据发布、数据权限、系统多组态管理工具；

2）宜一次性开发多终端应用，开发桌面及手机界面，便于集成于桌面及手机移动应用中；

3）尽量免维护；

4）提供灵活的手工配置功能；

5）权限设计层次清晰，用户的角色设置与权限控制可逐级授权分级管理。

6）可采用消息机制（系统在线消息等）进行提醒和报警。

7）提供数据备份与恢复功能，保证系统宕机后能够及时恢复，应当提供备份策略、计划和工具，并结合系统需求和适用性。

8）客户端应支持主流操作系统版本；

9）文档类型应支持 MS Office 2003 以上版本文档、WPS Office 文档、PDF 文档等；

10）浏览器支持：至少包括 IE 5.0 及以上版本，并支持跨浏览器，不限于支持最新版本的 Chrome、360、Firefox 和 edge 浏览器。

11）系统宜采取合理分层方式设计，具备分布式部署能力与跨操作系统平台部署能力。业务系统架构应采用前后端分离方式部署，每个应用组件可独立部署，支持功能和处理能力扩展，组网方式需考虑确保企业内外网络数据安全交换。

二、碳资产管理信息平台功能需求分析

企业碳资产管理业务功能示意如图 5-1 所示。

企业碳资产管理平台功能模块应按照企业实际碳资产管理需求进行设计，宜包括碳排放和能耗数据管理、碳排放监测报告核查（MRV）管理、碳减排管理、清洁能源项目管理、碳资产管理、履约管理、碳交易管理、碳托管管理、综合资讯管理、系统综合管理等。

图 5-1　企业碳资产管理业务功能示意

（一）碳排放和能耗数据管理

理清碳排放数据和能耗数据是碳资产管理工作的基础。企业碳资产管理平台应可按照地区、国家、国际不同核算指南建设碳排放和能耗数据管理模块。

1. 主要用户

三级业务单位用户：实时抓取或手动填报碳排放核算相关数据，平台能够自动核算碳排放量并提交审核。可查看本单位碳排放历史趋势变化以及对比分析内容，生成排放报告，提交二级单位、碳资产管理公司（碳资产管理部门）或当地主管部门。

二级平台企业用户：可查看并按月审核下辖单位碳排放报送数据，分析下辖企业和分机组碳排放和能耗情况，对其提交数据进行初步审核。

碳资产管理用户：根据企业生成并管理企业账户，对各账户角色和权限进行配置，下发填报任务以及对企业碳排放数据进行审核。

企业总部用户：通过查看整个企业范围内的碳排放数据，查询、筛选相关数据，查看统计分析数据，掌握企业碳排放情况。

2. 模块功能

碳排放数据管理模块，主要针对当年的数据及时管理，在企业内碳管理制度体系指导下，建立规范的月度碳排放数据报送管理及校核制度，实现对内的碳排放数据日常管理，以及全企业碳排放数据和能耗数据的统计和分析。

（1）核算方法管理

碳资产管理平台已内置本地区、国内、国际等多种碳排放核算方法，可由用户选择不同的核算方法输出碳排放报告，若相关要求发生改变，后台可使用预留核算方法调整权限。

（2）数据总览

实况显示下属企业各参数，可查看各参数的历史变化情况，包括但不限于企业和分机组煤耗（总煤耗与单位度电煤耗）、热值、元素碳含量、氧化率、发电量、供电量、供热量、碳排放量、排放强度等关键参数的实时数值，如图5-2所示。

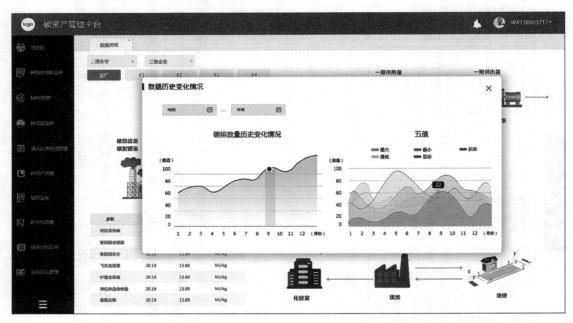

图5-2　碳排放和能耗数据管理模块——数据总览

（3）数据监测管理（含监测计划配置）

建立企业碳排放监测设备台账，对企业所有碳排放监测设备的信息进行汇总和整理。用户端可查看各电厂的监测体系评级，监测设备台账及运维状态，提醒企业定时更新台账。

系统可按照主管部门要求，生成符合标准的监测计划。本模块支持用户在线修改，当企业监测设备信息、监测方式改变时，应及时通过本模块进行相关内容变更，碳资产管理公司（碳资产管理部门）审核通过后，下属企业进行修改。

（4）数据报送管理（含报送计划管理及报告管理）

根据国家及地区公布的碳排放数据报送及核查文件要求进行数据报送和排放报告生成。三级单位定期填报，二级单位对三级单位提交的报送数据进行初审，数据有误打回修改，数据无误提交碳资产管理公司复审。

碳资产管理公司复审有误（系统可实现关键数据诊断报警）时，通知二级单位并打回三级单位修正，重走审核流程；碳资产管理公司复审无误的生成排放报告，可供企业查阅，三级单位可一键报送主管部门。

若三级公司未及时填报，碳资产管理公司将通过系统督促三级单位填报。

系统可按照标准生成排放报告。系统可自动生成符合主管部门要求的温室气体排放报告，支持在线查看和下载导出。碳资产管理公司可对控排企业用户上传的排放报告查看和审核。

（5）履约风险评估

根据控排企业年度发电计划、供热计划，供电／供热煤耗指标等参数，通过平台数据库和内嵌数据模型，实时计算得到各机组年度碳排放量、年度配额量以及配额盈缺量的预测结果。

若配额出现缺口，将提前预警。

（6）能效分析

能效分析分为历史变化趋势分析和对标分析两类。历史变化趋势分析针对企业实际生产数据进行分析，包括活动水平数据（入炉煤量、入炉煤低位发热量、外购电力及热力），排放因子（元素碳含量、碳氧化率）以及生产数据（发电量、供电量、供热量、供热比、供电煤耗、供热煤耗、负荷率）等。当变化趋势出现大的波动时，系统实现预警。

对标分析根据企业能效标准和国内外行业先进值，企业、碳资产管理公司或电厂用户在相应权限下，选定需对比的机组，通过识别其机组类型，组合筛选机组类型条件，对标不同类型机组供电／供热煤耗、供电／供热碳排放强度的行业、国家先进值以及典型企业先进值，如图 5-3 所示。

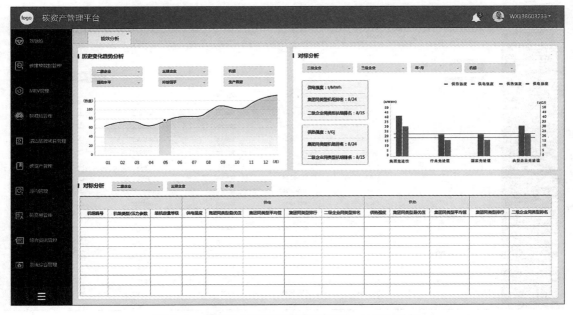

图 5-3　碳排放和能耗数据管理模块——能效分析

（二）MRV（监测报告核查）管理

企业定制的 MRV 管理模块，主要针对上年度碳排放数据的监测、报送、核查工作流程进行管理，在企业碳管理制度体系指导下，建立规范的对外碳排放核查支持体系，确保满足国家主管部门要求，顺利通过核查。

1. 主要用户

碳资产管理用户：可查看各电厂的核查报告及核查信息。系统根据核查排放量和报送排放量进行核对和偏差分析，审核控排企业监测计划。

二级单位用户：查看和初审监测计划和排放报告。

三级单位控排企业用户：实现排放报告上传、下载和提交等功能，帮助企业完成年度 MRV 全流程。

2. 模块功能

本模块功能可使控排企业在监测、报送、核查工作中，流程更加通畅，各级单位角色更加明晰，能够完善企业的 MRV 管理体系。

（1）监测计划管理

系统可按照核算指南监测要求，生成符合标准的监测计划。本模块支持用户在线修改，当企业监测设备信息、监测方式改变时，应及时通过本模块进行相关内容变更，由碳资产管理公司审核通过后，控排企业进行修改。

监测计划管理模块示意图如图 5-4、图 5-5、图 5-6 所示。

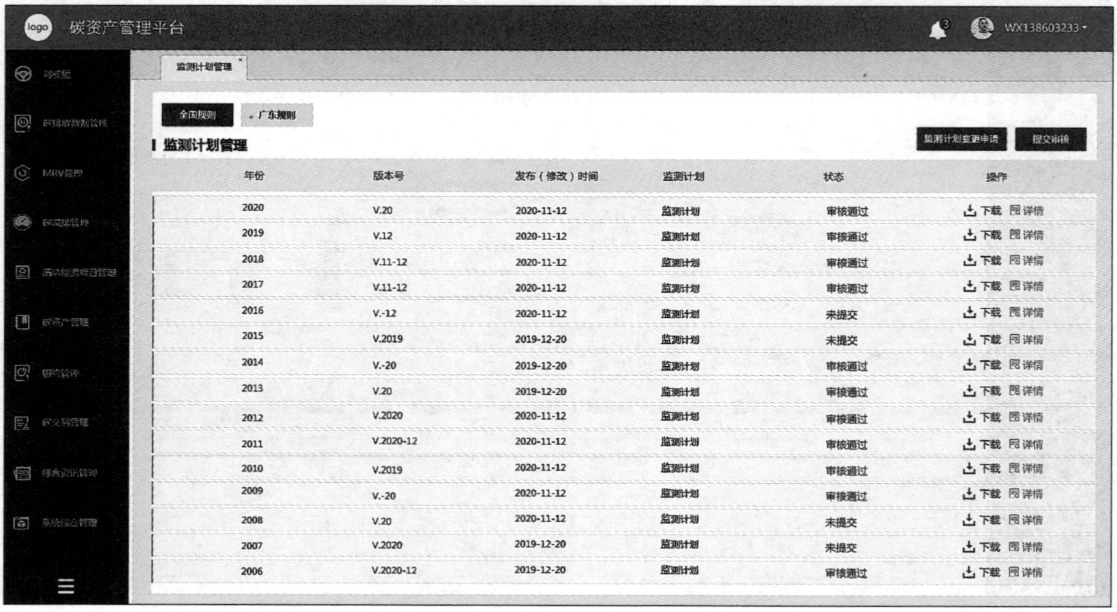

年份	版本号	发布（修改）时间	监测计划	状态	操作
2020	V.20	2020-11-12	监测计划	审核通过	下载 查看详情
2019	V.12	2020-11-12	监测计划	审核通过	下载 查看详情
2018	V.11-12	2020-11-12	监测计划	审核通过	下载 查看详情
2017	V.11-12	2020-11-12	监测计划	审核通过	下载 查看详情
2016	V.-12	2020-11-12	监测计划	未提交	下载 查看详情
2015	V.2019	2019-12-20	监测计划	未提交	下载 查看详情
2014	V.-20	2019-12-20	监测计划	审核通过	下载 查看详情
2013	V.20	2019-12-20	监测计划	审核通过	下载 查看详情
2012	V.2020	2020-11-12	监测计划	审核通过	下载 查看详情
2011	V.2020-12	2020-11-12	监测计划	审核通过	下载 查看详情
2010	V.2019	2020-11-12	监测计划	审核通过	下载 查看详情
2009	V.-20	2020-11-12	监测计划	审核通过	下载 查看详情
2008	V.20	2020-11-12	监测计划	未提交	下载 查看详情
2007	V.2020	2019-12-20	监测计划	未提交	下载 查看详情
2006	V.2020-12	2019-12-20	监测计划	审核通过	下载 查看详情

图 5-4　监测计划管理模块示意图 1

图 5-5　监测计划管理模块示意图 2

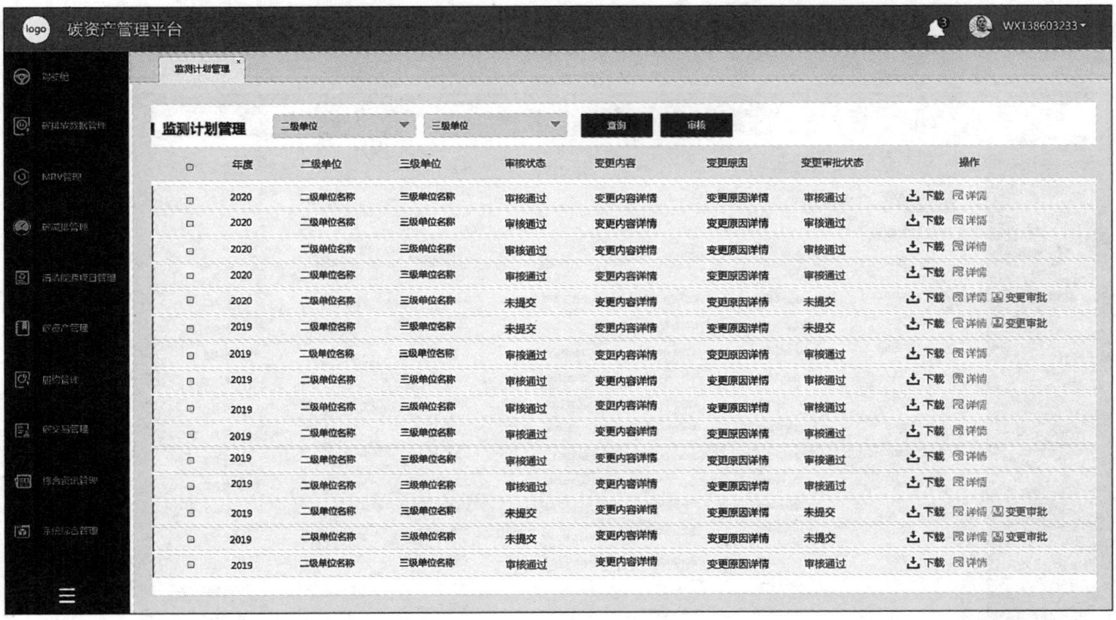

图 5-6　监测计划管理模块示意图 3

（2）排放报告管理

可按照标准生成排放报告。系统可自动生成符合要求的温室气体排放报告，支持在线查看和下载导出。碳资产管理公司可对控排企业用户上传的排放报告查看和审核。

排放报告管理模块示意图如图 5-7、图 5-8 所示。

图 5-7　排放报告管理模块示意图 1

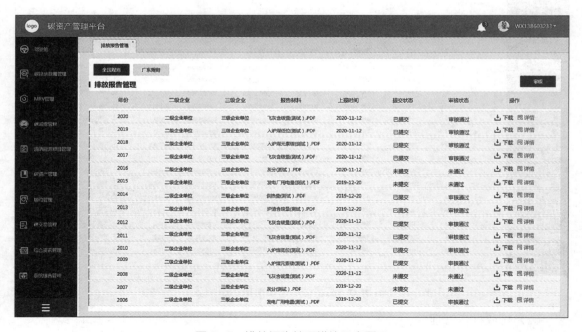

图 5-8　排放报告管理模块示意图 2

（3）预核查管理

年度排放报告提交后，电厂用户需提交所有核查所需资料，交由碳资产管理公司开展预核查。碳资产管理公司根据电厂所提供的资料开展预核查，并反馈给电厂相关建议，确保数据准确，报告可靠。

预核查管理模块示意图如图 5-9、图 5-10、图 5-11 所示。

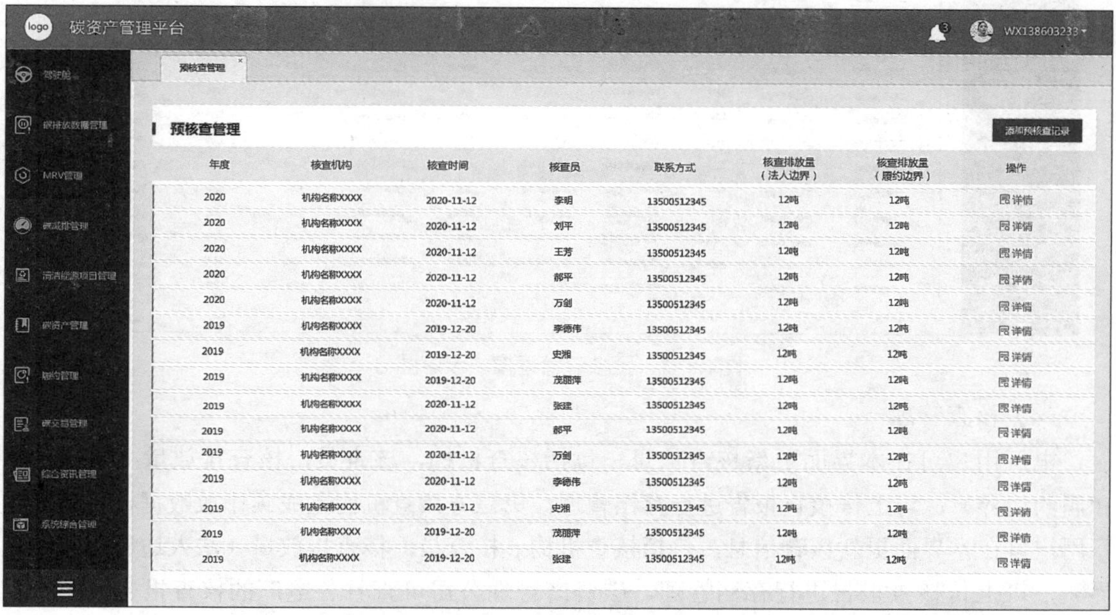

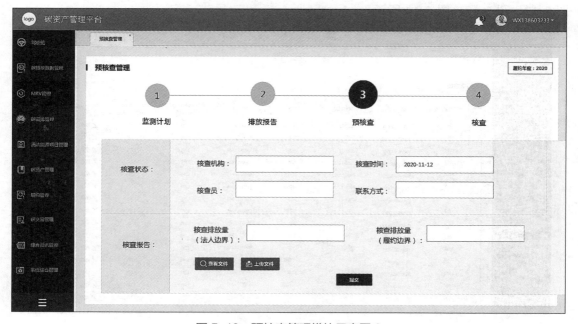

图 5-9　预核查管理模块示意图 1

图 5-10　预核查管理模块示意图 2

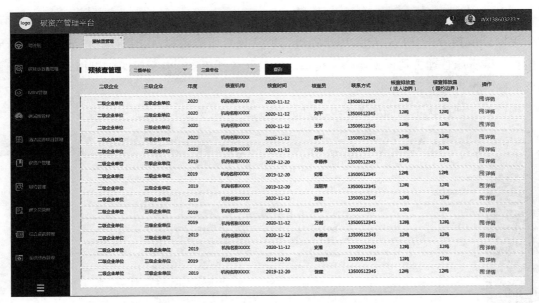

图 5-11　预核查管理模块示意图 3

（4）核查管理

电厂用户可在本界面更新核查信息，包括核查机构，核查员，核查排放量（法人边界和履约边界），可上传核查报告进行存档管理。第三方核查机构完成碳排放数据核查后，电厂用户可在本界面更新核查信息，包括核查机构，核查员，核查排放量（法人边界和履约边界），可上传核查报告进行存档管理。碳资产管理公司可查看各电厂的核查报告及核查信息。系统根据核查排放量和报送排放量进行核对，并进行偏差分析。核查管理模块示意图如图 5-12、图 5-13、图 5-14 所示。

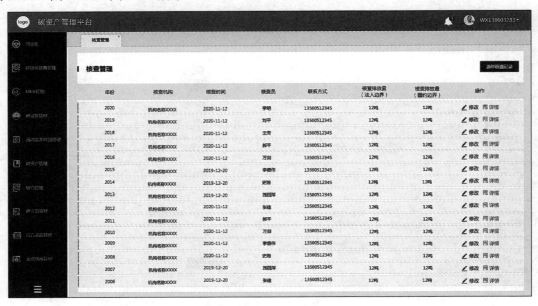

图 5-12　核查管理模块示意图 1

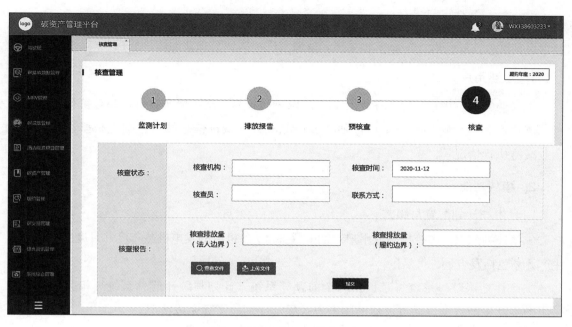

图 5-13 　 核查管理模块示意图 2

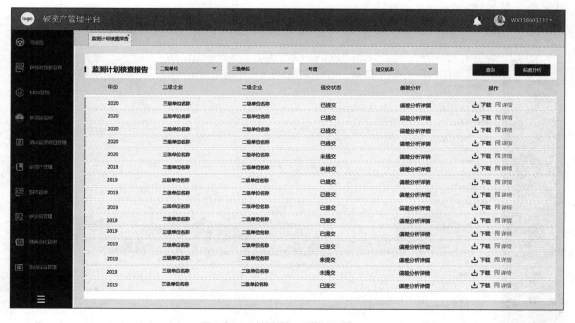

图 5-14 　 核查管理模块示意图 3

（三）碳减排管理

碳减排管理模块作为碳资产管理公司配合企业内部碳减排管理的支撑工具，将支持生产计划配置与跟踪、减排计划管理、目标责任考核管理、减排信息技术管理等功能。能够与全面预算系统、计划与统计信息系统等相关数据对接，实现对企业的碳排放量跟踪与管理。

1. 主要用户

三级业务单位用户：录入生产计划、选取减排技术、接收降碳目标、反馈降碳结果等。

碳资产管理公司用户：审核评估排放情况、管理减排信息技术、制定减排计划、考核企业减排执行情况等。

2. 模块功能

（1）生产计划配置与跟踪

生产计划配置：由控排企业用户定期配置各厂／各机组的发电供热年度、月度生产计划。生产计划包括发电量、供热量。

生产计划跟踪：系统每月根据与全面预算系统、计划与统计信息系统等相关数据对接采集的实际生产数据，通过灵活的图表方式展示计划的实际完成情况。

根据生产计划，预估各企业、各厂的年度碳排放量和配额量，从而计算配额盈缺情况，以规避交易风险。

生产计划管理模块示意图如图 5-15、图 5-16 所示。

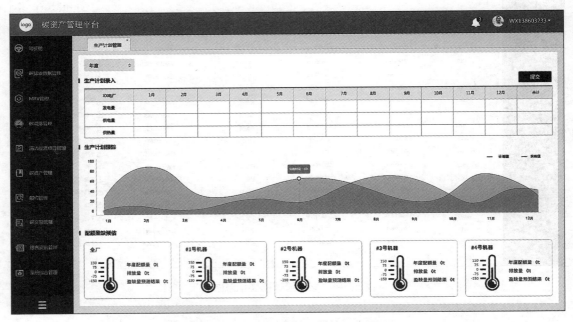

图 5-15　生产计划管理模块示意图 1

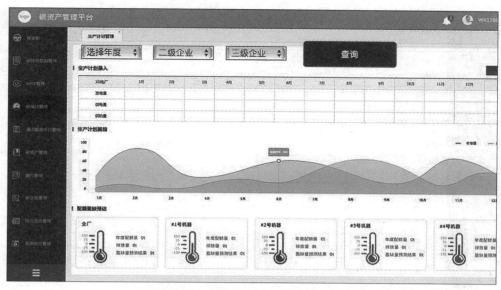

图 5-16　生产计划管理模块示意图 2

（2）减排计划管理与目标责任考核管理

目标制定：支持根据减排计划、国家标准或者国内外先进行业标准设定阈值目标，以供电碳强度、供热碳强度等指标数据，建立碳减排基线指标，设定年度、季度、月度减排目标等。

管理方式：根据计划与统计信息系统数据，针对实际指标达成进行减排计划和排名展示。采用红、黄、绿三色为企业指标达成进行标识，指标达成的为绿灯，超过一定阈值范围存在履约风险的为黄灯，超过告警阈值的显示红灯，根据配置可以支持对相应单位责任人进行告警以及相关提示信息推送。

减排目标管理模块示意图如图 5-17、图 5-18 所示。

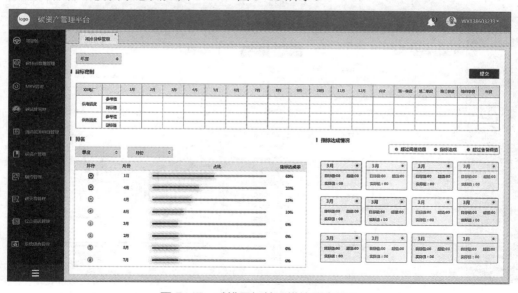

图 5-17　减排目标管理模块示意图 1

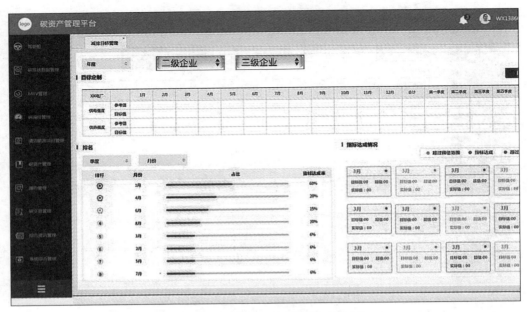

图 5-18　减排目标管理模块示意图 2

（3）减排信息技术管理

减排信息技术库：系统内置适合发电行业的减排信息技术库。电厂用户可再手动将减排技术信息添加到技术库中，如图 5-19 所示。

减排技术推荐：支持通过根据不同原则对减排技术进行筛选（如机组类型、容量、冷却方式、循环方式等），挑选出具备推广价值的减排技术，以及企业层面大力推荐的行业最新减排技术以及成功案例，推荐给适合的企业。

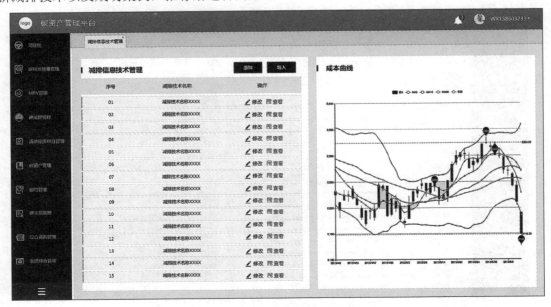

图 5-19　减排信息技术库示意图

（四）清洁能源项目管理

清洁能源项目管理模块为企业内的清洁能源减排项目（风力发电企业、太阳能发电企业、生物质发电企业等）开发和日常运营管理提供全流程管理支撑。清洁能源项目管理模块支持对项目设计、项目审定、项目备案、项目实施与监测、减排量核证等完整项目开发流程进行流程跟踪和资料归档，以及结合碳资产管理模块对企业持有的项目减排量进行统一管理。

1. 主要用户

三级单位光伏板块、风电板块、水电板块及其他可开发清洁能源项目的用户：定期更新项目信息，上报；配合上传必要的文件。

碳资产管理公司用户：发起、审批及确定项目开发、减排量开发任务；与审定/核查机构互动，并上传项目实施过程中的资料。

2. 模块功能

（1）CCER 开发评估

综合评估业主情况，区分新建项目业主和已有项目业主两类。新建项目业主在项目可研阶段即加入 CCER 项目开发影响，前期考虑 CCER 开发成本和收益。已有项目则按照实际情况，选择合适的方法学进行开发。

（2）碳减排项目管理及登记

判断适用的方法学，如已有方法学则按照方法学的要求进行项目设计文件准备，如没有方法学则按需进行方法学开发，按照新开发的方法学准备项目设计文件。

项目设计文件完成后进行项目审定、项目备案申请、技术评估和审查等一系列工作，以完成项目备案。

项目成功备案的同时准备项目实施与监测方案，提交项目监测报告，根据监测报告进行减排量核证、减排量备案申请，成功申请后进行减排量技术评估和审查，通过后减排量备案签发，减排量进入 CCER 账户后可在交易机构进行 CCER 交易。

在系统中登记 CCER 项目的开发进度，并录入项目的备案信息及减排量签发信息等。此模块应支持相关资料上传下载，包括 PDD 及审定报告等；定期更新 CCER 项目状态，包括项目设计中、项目审定、项目备案、减排量备案、减排量审定、已签发等；录入项目备案信息、减排量签发等信息；进行相关申请文件的上传下载及在线查看，以便于碳资产管理公司用户对企业所有 CCER 项目的统一管理和进度跟踪。

CCER 跟踪关键节点如图 5-20 所示。

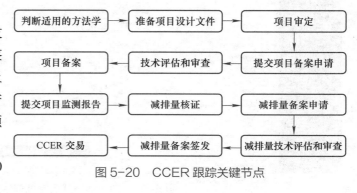

图 5-20　CCER 跟踪关键节点

清洁能源项目管理模块示意图如图 5-21、图 5-22、图 5-23 所示。

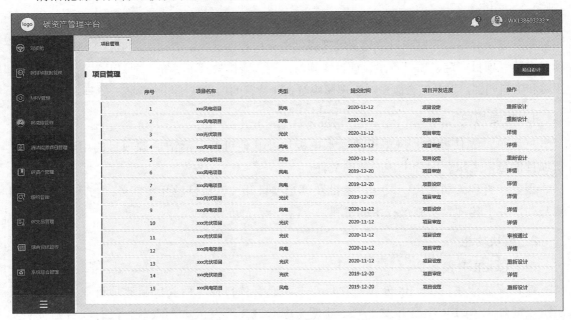

图 5-21　清洁能源项目管理模块示意图 1

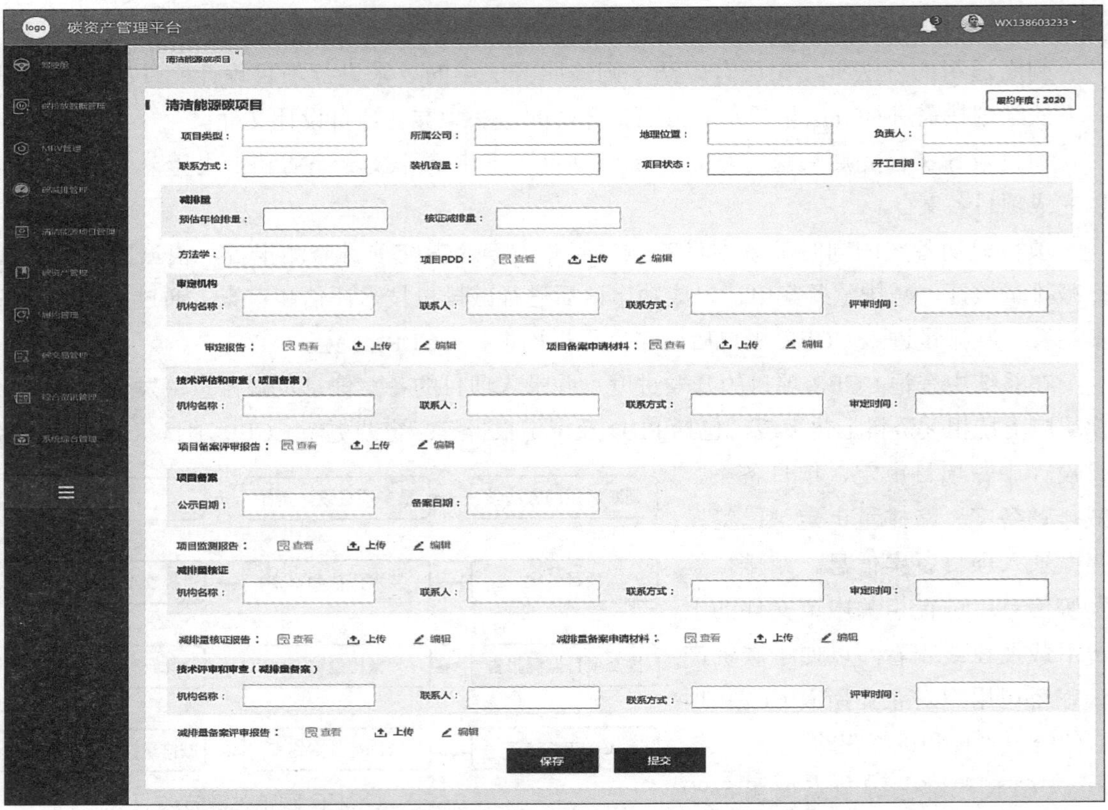

图 5-22　清洁能源项目管理模块示意图 2

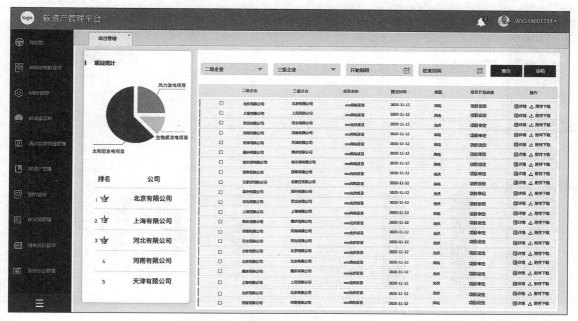

图 5-23　清洁能源项目管理模块示意图 3

（五）碳资产管理

碳资产管理模块作为碳资产管理公司进行业务开展的支撑系统，可为碳资产管理公司和企业用户提供碳资产管理以及相关服务。该模块秉承碳资产管理公司集中管理的原则，支持对企业及控排企业的碳资产账户变化情况进行记录，通过 BI 分析，对企业总体及各个企业的碳资产状况进行同比、类比以及对标分析。

1. 主要用户

控排企业、碳资产管理公司。

2. 模块功能

（1）碳资产总览

控排企业端：对电厂实际碳资产（配额及 CCER）持有及盈缺、资产总额、占比等情况，及相应履约期内的碳排放量进行展示及对比，协助企业了解在履约期内实际资产及履约状况。

碳资产管理公司端：对企业内实际（预估）碳资产（配额及 CCER）持有及盈缺、资产总额、占比等情况，及相应履约期内的碳排放量进行展示及对比，协助企业了解在履约期内实际资产及履约状况。

碳资产总览模块示意图如图 5-24 所示。

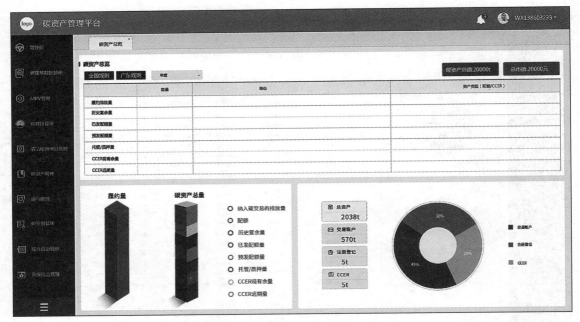

图 5-24　碳资产总览模块示意图

（2）碳账本

为了方便电厂用户对碳资产进行统一集中的管理，系统提供全国碳市场、广东碳市场各类碳资产（包括碳现货和远期资产）和账户的交易信息登记，根据录入的碳资产信息建立碳资产信息库，达到快速查询、定位碳现货信息（包括现货交易产品种类，交易方式）的目的。碳现货品种包括：配额、CCER 等，交易方式包括：政府分配、拍卖、交易、内部划转等。

（3）BI 分析

碳排放指标统计：各级单位在相应权限下，通过筛选主体（企业或机组），对核算主体纳入碳资产持有量、碳排放量、碳配额量、盈余或缺口量、盈余/缺口比例、供电/供热碳排放强度等指标；按照时间、机组等维度统计排名、变化趋势，进行同比、环比分析；实现各类型排放源（燃料燃烧排放、脱硫过程排放、外购电力及热力产生的排放）占比分析；实现供电碳排放强度、供热碳排放强度的加权平均、最高/最低、排序等功能。

机组分析：企业、碳资产管理公司或电厂用户在相应权限下，选择目标机组，分别对其重要指标参数进行分析评价，参数包括负荷率、供电煤耗、供热比、单位热值含碳量、碳氧化率，通过识别各参数的历史最优值，绘制雷达图，体现机组运行状态。

BI 分析模块示意图如图 5-25、图 5-26 所示。

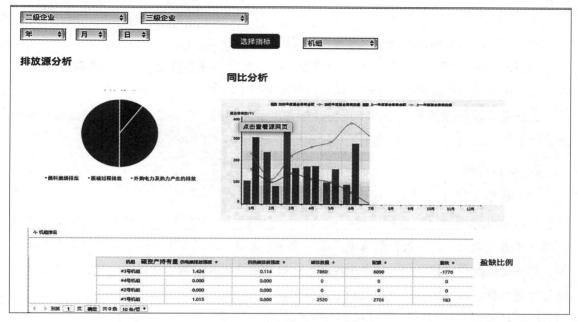

图 5-25　BI 分析模块示意图 1

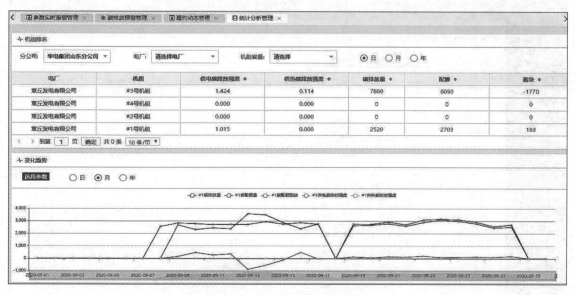

图 5-26　BI 分析模块示意图 2

（六）履约管理

履约是控排企业参与碳市场的规定动作，控排企业不按规定完成履约将会付出巨大的代价。履约管理模块专门针对控排企业上年度的碳配额清缴履约，为控排企业和碳资产管理公司提供履约分析、履约方案和履约登记的管理工作，方便碳资产管理公司对整个企业的控排履约工作进行统筹管理。

1. 主要用户

企业用户：查看企业内碳资产及履约信息。

碳资产管理公司：监督各企业履约进度，根据系统履约建议进行企业间配额调配等履约应对决策；对企业内实际（预估）碳资产（配额及 CCER）进行管理。

三级业务单位控排企业用户：自动计算各年度配额量，自动获取配额盈缺情况及履约建议；上传履约相关信息；查看电厂实际碳资产（配额及 CCER）。

2. 模块功能

（1）配额计算器

对接企业内部控排企业碳排放和能效数据管理模块，根据配额发放规则，在碳排放数据报送任务完成后，计算各机组和电厂碳配额获取数量。同时手工录入主管部门实发配额数量。系统提供配额验算功能，如果出现差异，提醒用户进行配额数量核实，及时和主管部门进行沟通协调，从而确保实发配额数量准确无误。

配额计算器示意图如图 5-27 所示。

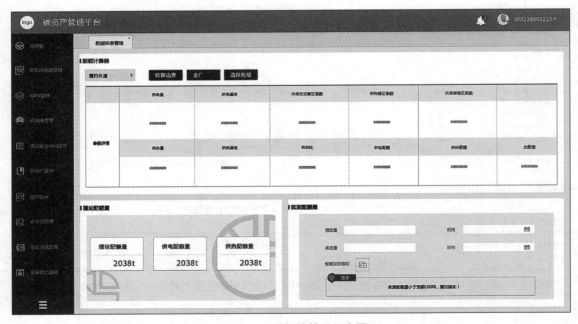

图 5-27　配额计算器示意图

（2）配额预测预警

1）碳资产持有量预警。对碳资产持有量的预警具体是指在碳资产持有量低于履约排放量时进行预警。在明确当前的碳资产持有量的基础上，对比履约排放量，当碳资产持有量不足时，根据缺口量进行不同级别的预警。

2）履约时间预警。根据当地主管部门对于履约时间以及未来全国碳市场对于履约时间的要求，系统在履约时间临近前一段时间内对企业用户进行预警，提示履约截止时间将到。同时系统将在履约截止日期前提示碳资产管理公司用户和二级单位用户尚未履约的企业名单，根据距离履约的时间天数进行不同级别的预警，便于上级管理单位对三级单位及时履约进行督促。

3）碳资产类型、比例超限预警。各试点地区对于企业用于履约的配额及其他信用类型均有一定的比例要求，系统可根据不同地区主管部门的要求内置 CCER 等减排量判断规则，并设置相关比例阈值，从而自动判断碳资产是否合规，以及碳资产比例是否合理，若超过系统设置的阈值则自动进行预警。

履约分析预警示意图如图 5-28 所示。

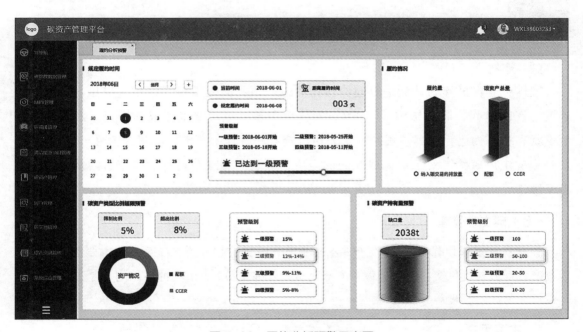

图 5-28　履约分析预警示意图

（3）履约方案管理

计算企业上一年度配额盈缺情况，根据不同地区的 CCER 比例限制，制定最适合策略，提供履约方案建议，以节省控排企业的履约成本。碳资产管理公司可通过此模块直观了解各电厂配额盈缺情况，审核各电厂履约策略和统计履约成本，同时可以根据各电厂配额盈缺状况，以整体履约成本最小化为目标提供企业内部配额调配建议。

履约方案管理示意图如图 5-29 所示。

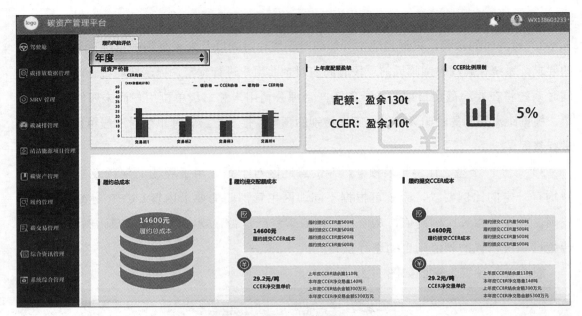

图 5-29　履约方案管理示意图

（4）履约登记管理

控排企业根据履约计划进行履约操作后，在该界面处填报履约相关信息，包括履约年度、履约时间、履约结构（CCER、配额使用量）等，填报完成并提交后，履约工作节点状态更新为已完成。碳资产管理公司可查看和管理所有电厂的履约信息、履约进度，及时提醒电厂履约。对于已完成履约的电厂，碳资产管理公司可对当年履约情况给出意见反馈。

（七）碳交易管理

碳交易管理模块作为碳资产管理公司进行市场交易业务的支撑系统，主要面向企业和碳资产管理公司提供交易策略建议（内部交易和外部交易）、市场价格预测（含动态跟踪）、碳市场交易风险管理等。

1. 主要用户

三级业务单位：获取配额、减排产品交易指令，进行内部交易匹配或结合内外部交易建议形成整体交易决策。该界面只显示电厂本厂情况。

碳资产管理公司：开展企业内电厂整体分析、交易匹配审核、交易决策，并下达交易决策。借助系统开展风险评估，并制定风险应对策略。

2. 模块功能

（1）交易策略建议（含内部交易匹配）

从清洁能源项目管理模块和碳资产管理模块抓取企业下属所有控排企业在试点、全国碳市场的盈缺数据，根据试点、全国抵消机制，筛选出企业下属所有清洁能源项目中（根据计入期、项目类型等进行筛选）可以出售的 CCER 现货数量。此模块也可内置其他市场可得的 CCER 项目信息。

碳资产管理公司碳交易负责人根据对市场和企业整体仓位的状况，以履约成本最小化为原则制定各厂碳交易策略，经企业部门领导审核通过后，将交易指令通过系统发送至电厂用户进行交易操作，在碳资产管理公司碳账本中进行交易记录变更，填报成交信息。

结合价格预测、交易风险管理模块功能，对内部交易进行匹配。结合利益最大化原则、风险最小化原则等不同情境，建立不同的内部交易策略建议模型。模型将根据参数设计对公司内部所有参与碳市场企业的交易需求提出操作建议，对不同交易仓位的企业、交易标的提出不同的策略（包括配额缺口企业如何操作，配额盈余企业如何操作，是否内部协调，减排量持有方是出售减排量还是留存等待行情，是否内部协调）。

结合价格预测、交易风险管理模块功能，结合利益最大化原则、风险最小化原则等不同情境，为内部交易匹配后仍然暴露的交易仓位提出交易建议，包含建议的入场时机、建议的价格等。

最后，根据内部、外部交易建议生成整体交易决策后，碳资产管理公司将整体交易决策录入系统，下属电厂可根据相关指令执行交易。

（2）碳市场价格预测（含市场动态）

交易数据记录及分析：从各试点交易所和全国交易平台抓取（或手动录入）配额、CCER 成交结果数据（交易量、交易额、交易均价、最高／最低／开盘／收盘价等）并储存在本地服务端。客户端中应提供一般交易软件具有的数据分析功能（如 K 线图、价格走势图、技术分析等），支持调整提取数据的时间周期。

为了方便用户实时掌握最新的碳市场行情，系统自动实时抓取各交易所最新的交易行情数据，包括交易价格、交易量和交易均价等情况，并且方便用户以图形化和表格等多种展示方式查看，支持多个交易所数据对比查看。例如，以 K 线图显示价格走势，形成内部价格指数。

1）配额价格预测：专门设置价格预测界面。根据历史价格数据和碳市场各纳入行业的宏观经济数据（宏观经济数据从数据软件／统计局接口抓取，或手动进行导入）、政策数据（手动导入），系统对价格进行实时预测，采用实时更新的方式（每天的实时数据入库后，预测结果实时调整）；支持与实际交易数据同屏显示和对比。

2）CCER 价格预测：根据试点地区碳交易所（上海、四川、广东等）CCER 交易行情和试点地区、全国市场抵消机制，使用配额价格预测的方法，对企业下属不同减排类型、不同计入期、不同地区和行业的 CCER 进行供求关系分析和市场价格走势预测。预测周期分为短期、中期、长期三类，不同周期采用不同的预测模型，系统均采用实时更新的方式（每天的实时数据入库后，预测结果实时调整）；支持与实际交易数据同屏显示和对比。

碳市场价格预测模型示意图如图 5-30 所示。

图 5-30　碳市场价格预测模型示意图

（3）交易风险管理

系统支持交易风险管理，综合考虑配额存量、CCER 存量、实际排放、预估配额、市场碳价、资金量等因素，提供相应的风控管理评估方案，结合实时碳价和行情预测，对交易可能发生的风险进行综合评估分析，并将分析结果及时推送给用户。

市场价格波动性测算：根据记录的交易行情，对各市场碳价在不同周期内的波动性进行测算，为风险分析做准备。

买卖单数据抓取：抓取试点地区、全国碳交易所买卖申报（未成交的申报）数据，进行逐日记录；计算每个交易日各交易所的现有申报能够匹配的配额、CCER 交易需求（即买单能满足多少卖方的需求，价格是多少；卖单能满足多少买方的需求，价格是多少）。

价格风险分析：系统根据波动性计算结果，内置风险价值模型等方法，对碳资产不同持有周期的风险进行定量分析；对企业的风险分析结果进行汇总，计算企业整体面临的碳市场价格波动风险下，按照不同周期持有碳资产可能面临的最大损失。

流动性风险分析：系统根据买卖单记录、无成交行情天数等信息，对各市场流动性进行整体评估和横向对比。系统根据碳资产管理模块数据，对企业整体碳资产交易（包含买入和卖出）过程中，因为流动性不足导致的最大潜在损失进行评估和计算。

交易风险管理模块示意图如图 5-31 所示。

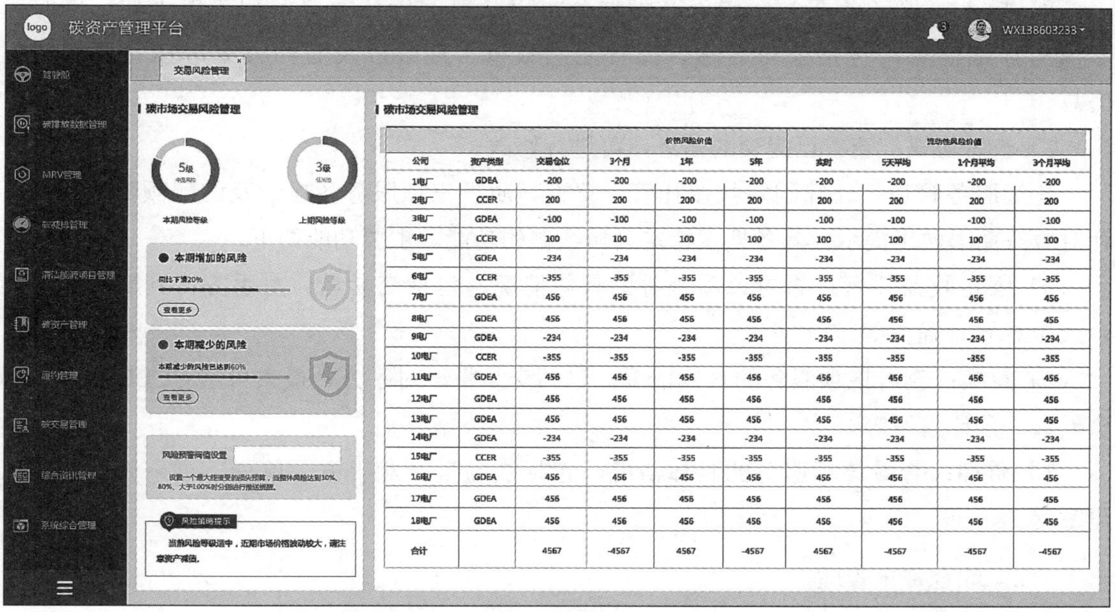

图 5-31 交易风险管理模块示意图

（八）碳托管管理

碳托管模块将作为碳资产管理公司进行碳资产托管业务开展的支撑系统，为碳资产管理公司和企业用户提供碳资产托管管理以及相关服务。系统将支持统一管理控排企业的碳资产登记账户、交易账户，包括账户的开立、变更等操作，提供包括固定收益托管、置换、质押等多种形式通过托管流程办理的业务。

1. 主要用户

企业用户：查看和监管碳托管相关账户。

碳资产管理公司用户：管理碳托管账户和资产，归档管理托管协议和文件等。

三级业务单位：导入协议、查看托管协议、查看托管服务的具体情况。

2. 模块功能

（1）碳托管相关账户和资产管理

碳交易账户内每一次的变更信息都要进行记录。变更信息包括交易产品、交易量、交易价格、交易类型、交易时间、备注等。其中交易类型包括二级市场买卖、拍卖、划转（在交易账户和登记账户之间转入转出）等类型。

（2）碳托管服务管理

托管协议管理包括计算托管配额数量总和；针对服务期限做出提示；具备搜索特定公

司数据的功能。主要功能如下：

1）导入协议（备案）：碳资产管理公司提交新的碳托管协议扫描电子件。同时需要填写详细信息，包括公司名称、托管配额数量、期限以及履约方案等托管协议关键信息。

2）查看协议：查看已提交的信息，可进行修改。

托管服务管理：计算固定收益托管、置换、质押三项服务各自涉及的配额数量总和；针对服务期限做出提示；具备搜索特定公司数据的功能。主要功能如下：

1）固定收益托管：查看该项服务的具体情况，包括交易量、对手方、到期时间、剩余天数、预计盈亏等。

2）置换：查看该项服务的具体情况，包括交易量、对手方、最大可用 CCER 数量、剩余天数、预计盈亏等。

3）质押：查看该项服务的具体情况，包括交易量、对手方、单价、剩余天数、预计盈亏等。

（九）综合资讯管理

系统的综合资讯管理模块主要通过数据对接和人工录入的方式获取，展示的内容包括政策动态、市场行情、新闻热点、专业资讯及资料汇编。

政策动态：该部分包含了国内外出台的低碳政策法规、实施方案及规划等；展示国内外的最新低碳、节能、环保等相关的新闻资讯。

专业资讯：根据企业行业特点定制化展示相关的行业低碳资讯。

资料汇编：收纳汇总碳排放相关的文件资料，并提供查看及下载的路径，包括核算指南、补充数据表、国家及省级低碳政策、行业报告等。

（十）系统综合管理

1. 主要用户

企业用户、碳资产管理公司用户、二级单位用户、三级业务单位用户：接收通知公告，汇总事项，提示待办事项，使用问答平台。

碳资产管理公司用户：审批各种事项。

三级业务单位用户：填报数据、各项方案和提交申请等。

2. 模块功能

（1）通知公告

系统发布碳排放管理内部通知公告。

（2）综合管理

汇总所有需要用户进行操作的管理事项，待办事项。碳资产管理公司：包括报告审批、数据审批、清洁能源项目审批、履约方案审批、交易审批等。电厂：包括数据填报、报告提交、清洁能源项目提交、履约方案提交、交易提交等。

（3）问答平台

建立内部问答平台，提前预设常见问题及答案。预留提问和回答互动功能。

（4）报告管理

管理碳排放相关的报告，如监测计划、排放报告、核查报告、监测计划核查报告等。

（5）信息推送

综合资讯及其他管理板块主动推送信息。

（6）账户管理

用户权限角色管理将与企业组织架构密切关联，实现灵活的角色与权限配置。系统通过完整的工作流程，明确的职责分工，在企业碳管理体系指导下，满足企业碳管理各项流程制度要求。

根据企业管理模式，系统用户应包括三个层级，第一层级为企业，第二层级为碳资产管理公司、二级公司，第三层级为控排企业和 CCER 项目。登录系统的账户分不同权限进行管理，分管理员权限、数据录入权限、查看权限、碳资产登记录入权限、CCER 项目录入权限、碳资产管理分析权限、流程申请权限等（权限类型根据具体确定）。不同账户授予一个或多个权限。

（7）信息总览

围绕企业生产、运营、管理、服务的数据管理体系，系统支持将碳排放、碳资产、碳交易、碳项目等信息进行汇总，支持不同账户的客户端信息大屏显示，直观反映企业及其下属各企业的碳资产总体管理状况与趋势变化，支持平台将各种数据、报告、图表、分析等信息以 Word、Excel、PDF 等形式导出。

（8）告警信息

系统功能板块涉及的报警信息具有权限的用户端可以处理。

学习子情境 5.3　企业碳普惠机制

一、碳普惠的发展历程

2011 年 10 月，国家发展和改革委员会提出在北京、深圳、广东等七省市开展碳交易试点工作。随后深圳市政府组建了多个政府部门和研究机构组成了碳排放权研究课题组，对欧美发达国家早已进行的碳交易体系展开研究。2013 年 6 月，深圳碳市场启动会首次提出"未来考虑将公众的减排量放到碳市场交易"，这为碳普惠在中国的发展奠定了早期基础。

2013 年，作为全国低碳试点城市，武汉市发布《武汉市低碳试点工作实施方案》，提出要力争到 2020 年实现能源利用二氧化碳排放量达到峰值，基本形成具有示范效应的低碳生产生活"武汉模式"。在实施方案基础上，2014 年武汉启动"碳积分体系"工作，旨在利用"碳币兑换机制"引导全民践行低碳生活，推动低碳消费。2015 年，武汉市发展和改革委员会启动"武汉市低碳课题研究"，其中武汉市交通行业碳减排潜力、成本分析及政策研究和"互联网＋"形势下的武汉市生活垃圾分类收集、资源化利用和无害化处理研究，为"碳宝包"的实践奠定了理论基础。2016 年 6 月，节能周期间，武汉"碳宝包"正式上线，市民可通过公共自行车、公交、步行等绿色出行方式兑换碳币并用于兑换电影票、团购券等优惠券。这是国内最早的城市碳普惠项目之一，为碳普惠的机制发展提供了早期实践经验。

2015 年 7 月，广东省发改委印发《广东省碳普惠制试点工作实施方案》和《广东省碳普惠制试点建设指南》，明确要建设全省统一的碳普惠推广平台、碳普惠核证减排量交易机制和商业激励机制，开发相应的碳普惠方法学，并选取社区（小区）、公共交通、旅游景区、节能低碳产品作为碳普惠制试点领域，正式启动碳普惠试点工作。2016 年 1 月，广东省发改委将广州、东莞、中山、惠州、韶关、河源 6 市确认为广东省碳普惠制首批试点城市地区，试点期为 3 年。这也是全国首个促进小微企业、家庭和个人碳减排的创新性制度举措。2016 年 6 月，在"全国低碳日"之际，广东碳普惠平台微信服务号"低碳普惠"投入内测试用。

2018 年 10 月，河北省发改委印发《河北省碳普惠制试点工作实施方案》，确定石家庄、保定、沧州、张家口、承德市为首批省级碳普惠制试点城市，鼓励其他市积极开展碳普惠制试点工作。河北成为广东之后全国第二个试行碳普惠制的省份。

碳普惠机制是为市民和小微企业的节能减碳行为赋予价值而建立的减碳量交易及激励的机制。我国自 2014 年尝试碳普惠以来，为了顺应低碳经济的发展，推行了许多具体措施，积极推行了"碳普惠试点"，各省市都在积极探索碳普惠的路径和模式，并配套出台了相关政策。截至目前，部分省市已落地了碳普惠机制平台，并取得了一定成效。尤其是 2022 年以来，各地方政府各企业还纷纷推出个人碳账本（碳账户）。

碳普惠机制示意图如图 5-32 所示。

图 5-32 碳普惠机制示意图

二、碳普惠机制的分类

根据项目主导方、参与主体方和激励模式等特点，碳普惠机制分为两种类型，分别是政府主导的碳普惠机制和企业主导的碳普惠机制。

（一）政府主导的碳普惠机制

政府主导的碳普惠机制是由各地政府部门推动建立，以政府平台和企业合作建立用户减排场景和激励模式的碳普惠机制。这类机制的特点是公益性强，有公信力，理论基础强，包括政府顶层设计碳普惠体系建设工作方案和管理办法，相关方法学和标准，促进碳普惠减排量的交易等。

（二）企业主导的碳普惠机制

企业主导的碳普惠机制是指单一企业发起、以企业自身或合作企业的用户低碳行为作为减排场景和激励的碳普惠机制。这类机制往往具有如下优势：一是企业依赖于数字化平台自身的用户体量和活跃度，推出碳普惠平台，通过广泛触达、实时参与、实时互动、反馈激励的方式，增加了用户的参与感和获得感，激发和释放了全社会参与绿色低碳活动的潜力和积极性，能够带动广泛的用户参与；二是数字化平台企业善于通过理念、技术和方式创新，构建"多行为场景设置、线上线下虚实结合、多方参与合作"平台，能够促进公众绿色低碳行为的转变；三是互联网平台通过实时记录和反馈，可以让公众实时了解绿色低碳行为所产生的效果和改变，同时为公众提供短期激励，满足了公众的自我价值实现，为公众长期绿色低碳行为习惯的养成提供动力。碳普惠平台类型主要包括数字平台企业类、金融机构类、企业员工类等碳普惠平台。

三、企业碳普惠机制实践案例

（一）数字平台企业碳普惠平台

（1）蚂蚁集团——蚂蚁森林

2016 年 8 月，支付宝公益板块正式推出蚂蚁森林，用户步行替代开车、在线缴纳水电煤气费用、网络购票等行为节省的碳排放量，被计算为虚拟的"绿色能量"，用来在蚂蚁森林中种植虚拟树。虚拟树长成后，支付宝蚂蚁森林和公益合作伙伴就会在地球上种下一棵真树，或守护相应面积的保护地，以培养和激励用户的低碳环保行为。蚂蚁集团通过蚂蚁森林向公益组织、专业机构捐资种树为用户提供精神激励。

（2）广汽集团——车主碳账本

广汽集团于 2021 年发布了"GLASS 绿净计划"，提出要实施碳排放全周期管理，在使用环节，联合消费者开展"减碳"活动，探索建立汽车消费者碳账户，从企业奖励开始，逐步实现个人消费者减碳额交易变现。2022年7月，广汽丰田与中华环保联合会合作，基于"碳账本"底层平台上线了车主碳账户"丰云绿动"，所有广汽丰田搭载丰云悦享车联网的节能车和新能源车车主都可参与。丰田碳账户还提出了战队模式，以专属经销商战队为单位，排名高的战队可获得不同级别的奖品。

（3）阿里巴巴——88碳账户

阿里巴巴集团于2022年8月8日正式发布"88碳账户"，以"1+N"母子账户的形式呈现，纳入用户在阿里集团场景内包括饿了么、菜鸟、闲鱼、天猫平台上产生的减碳量，并推出拍照随手减碳，鼓励用户来企业平台参与活动，并给予用户减排激励。

目前，88碳账户已接入菜鸟、闲鱼、饿了么、天猫等APP的碳积分，涵盖用户吃、穿、用等生活场景，帮助用户更清晰地记录并了解自己的碳足迹地图及减碳成果。用户点餐时不选用一次性餐具、在菜鸟驿站回收快递纸箱等低碳减排行为将生成碳积分，在各APP端子账户进行沉淀并汇集到母账户，实现低碳行为可知可感。

同时，用户积累的碳积分具有后续的实用价值，如用户可在88碳账户上捐赠相应碳积分以兑换无门槛现金红包，也可以兑换由低碳友好商家提供的低碳商品折扣，或在各子账户的商城兑换专属服务。此外，88碳账户结合"碳宝"虚拟形象打造了荣誉体系，用户可通过积累碳积分解锁拟人化数字勋章，获得减碳成就。

（二）金融机构类碳普惠平台

（1）衢州衢江农商银行

2018年，浙江衢州衢江农商银行开始试点"个人碳账户"。个人碳账户主要通过银行账户系统采集个人绿色行为，包括绿色支付、绿色出行和绿色生活三大模块，涵盖了各类支付方式数据、绿色出行的IC卡使用数据、家庭用电数据以及五水共治、垃圾分类、家庭人员从事绿色产业情况等。上述行为可累计积分，并兑换相应奖励。此外，衢州衢江农商银行还根据个人碳账户等级评价，建立了信贷"绿名单"管理制度，根据碳积分数据将客户分成"深绿、中绿、浅绿"三个等级，并在"授信额度、贷款利率、办理流程"三方面提供差异化的优惠政策。截至2021年底，衢州衢江农商银行个人碳账户贷款发放已达4.64亿元。随着衢州衢江农商银行个人碳账户的推广，衢州市个人绿色行为采集内容逐步丰富，在系统对接和多方支持下，如今的绿色行为捕捉正在逐步扩大到与低碳绿色相关的各部门。

（2）日照银行

2022年3月末，日照银行上线了山东省首个个人碳账户平台。平台主要依托两大渠道展示，具体包括：日照银行手机银行APP和"日鑫悦e"生活金融服务平台，进而打造出一款"金融+"场景综合化个人碳账户平台。在场景构建上，日照银行"个人碳账户"平台涵盖绿色政务、绿色信贷、绿色出行、绿色生活、绿色公益等场景，与用户绿色低碳行为紧密结合，匹配"绿色产品"和"金融服务"等权益，以绿色金融、数字金融、场景金融促进低碳生活、绿色发展。绿色生活专区包含线上水电缴费、线上取暖缴费、智慧社区（园区）注册、智慧校园开通电子账户等，鼓励绿色出行，深入推进垃圾分类和资源化利用，倡导绿色低碳生活方式，共同建设文明美好家园。绿色支付专区包含手机号码支付、ETC、线上支付签约等，利用支付行业广泛链接个人和商户的特点，宣传倡导低碳行为，进一步助力打造绿色低碳生活生产方式。绿色信贷专区包含线上光伏贷、小微贷款、线上签约等，扎实推进绿色金融业务，鼓励企业节能降耗、发展绿色能源，助力区域内经济高质量发展。绿色政务包含线上排队预约、电子社保卡服务等，提供线上绿色政务服务，助力政务服务环保节能建设。通过完成每类场景的任务，用户可获得积分奖励并且兑换相应礼品，使用户养成低碳环保的行为习惯。尤其值得注意的是，日照银行在绿色信贷场景中纳入了小微企业群体，包括小微贷款与光伏贷两类业务累计积分，向业界展现了从个人用户到小微企业的碳账户布局雏形。个人碳账户平台自上线以来，已有 3.1 万人参与，发放碳积分 1.18 亿分。

（3）中信银行

2022 年 4 月下旬，中信银行宣布正式上线个人碳普惠平台——"中信碳账户"。"中信碳账户"依托于信用卡"动卡空间"APP 开发构建，在用户同意开通个人碳账户的前提下，授权系统自动采集用户在不同生活场景下的低碳行为数据，累计个人碳减排量。一方面，中信银行在信用卡"动卡空间"APP 上建立了低碳场景识别机制，根据用户在 APP 上的消费行为自动识别是否属于碳减排行为，如申请电子信用卡、电子账单、线上缴费等，从而获得相应的碳积分。另一方面，中信银行积极引入合作方低碳场景，采集用户在信用卡平台消费之外的低碳行为，如乘坐低碳公交，骑行共享单车，新能源车充电，二手电器、衣物、书籍回收或捐赠等。中信银行通过探索建立个人购买他人或第三方的碳积分的途径，推动碳积分向碳资产转变。

（三）企业员工类碳普惠平台

（1）国家电投——低碳 e 点

2021 年 8 月 25 日，全国首家央企碳普惠平台——国家电投"低碳 e 点"碳普惠平台，面向系统内部 14 万员工，正式上线。经过一年的运行和优化设计，国家电投碳普惠平台"低碳 e 点"2.0 版于 2022 年 6 月面世。"低碳 e 点"2.0 版在 1.0 版的基础上丰富了绿色出行、光盘行动、植树造林、户用光伏四种减排场景。平台利用自主监测、在线填写记录表格、调用手机传感器、拍照打卡等各种灵活方式，建立统一、透明、科学、互信互认的数据监测体系，并基于确定的监测方法，针对每一类碳减排行为，开发碳减排量化评估模型，使每一位低碳达人都能科学、公平地得到"碳积分"。另外，碳普惠平台将和"电能 e 购"平台对接实现物质奖励，奖励内容为"电能 e 购"商城中"碳普惠积分专区"的商品购物券及商品打折券等。

（2）联想——联想乐碳圈

2022年6月14日，联想推出首款面向企业的"联想企业碳核算平台"，及面向联想内部员工的碳普惠平台"联想乐碳圈"。在联想乐碳圈，员工可以通过低碳差旅、低碳通勤、在线会议、二手衣物、书籍捐赠、电子产品回收等行为获得碳积分。联想乐碳圈通过碳积分奖励，培养员工养成低碳办公和低碳生活习惯，增强降碳意识。同时，联想乐碳圈也在积极探索低碳助力公益，将实现联想运动圈员工运动数据的自动导入，通过运动捐步认领梭梭树的方式，在鼓励员工运动的同时，积极植树造林，开展低碳公益活动。

学习情境小结

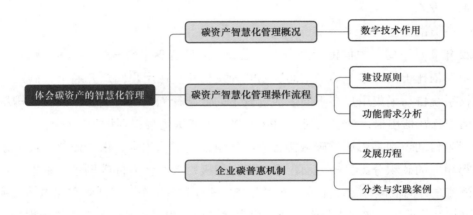

参 考 文 献

[1] 国际碳行动伙伴组织（ICAP）．全球碳排放权交易：ICAP 2023 年进展报告 [R]. (2023-03-22) [2023-05-25].

[2] 鲍捷．澳大利亚在争议中废除碳税 [N/OL]．人民日报, (2014-07-21) [2023-05-25]. http://world.people.com.cn/n/2014/0721/c1002-25304626.html.

[3] 中华人民共和国国务院．碳排放权交易管理暂行条例 [EB/OL]. (2024-1-25) [2024-05-30]. https://www.gov.cn/gongbao/2024/issue_11186/202402/content_6934549.html.

[4] 国家统计局，中国标准化研究院．国民经济行业分类：GB/T 4754—2017[S]．北京：中国标准出版社, 2017.

[5] 生态环境部．关于做好 2021、2022 年度全国碳排放权交易配额分配相关工作的通知 [EB/OL]. (2023-03-13) [2023-05-15]. https://www.gov.cn/zhengce/zhengceku/2023-03/16/content_5747106.htm.

[6] 广东省生态环境厅．广东省生态环境厅关于印发广东省 2022 年度碳排放配额分配方案的通知 [EB/OL]. (2022-12-05) [2023-05-25]. https://gdee.gd.gov.cn/gkmlpt/content/4/4058/post_4058200.html#3217.

[7] 中国工业节能与清洁生产协会．碳管理体系　要求及使用指南：T/CIECCPA 002—2021[S/OL]. (2021-12-01) [2023-05-26]. https://max.book118.com/html/2022/0401/8006071054004067.shtm

[8] 中国证券监督管理委员会，广州碳排放权交易中心有限公司，北京绿色交易所有限公司，等．碳金融产品：JR/T 0244—2022[S/OL]. (2022-04-12) [2023-05-23]. http://www.csrc.gov.cn/csrc/c101954/c2334725/content.shtml.

[9] 中软网络技术股份有限公司，信息产业部电子工业标准化研究所．信息技术　软件工程术语：GB/T 11457—2006[S]．北京：中国标准出版社, 2006.

[10] 浙江省电子信息产品检验研究院，中国电子技术标准化研究院，江苏赛西科技发展股份有限公司，等．系统与软件工程　软件生存周期过程：GB/T 8566—2022[S]．北京：中国标准出版社, 2023.

[11] 中软网络技术股份有限公司，信息产业部电子工业标准化研究所，北京联想软件有限公司，等．计算机软件文档编制规范：GB 8567—2006[S]．北京：中国标准出版社, 2006.

[12] 中国信息通信研究院．数字碳中和白皮书 [R/OL]. (2021-12) [2023-05-29]. http://www.caict.ac.cn/kxyj/qwfb/bps/202112/t20211220_394303.htm.

[13] 清华三峡气候与低碳中心．中国的绿色金融与碳金融体系 [R/OL]. (2023-02-27) [2023-05-24]. http://www.jcglt.tsinghua.edu.cn/achievements/152.html.